Jürgen Lohr
Andreas Deppe

Der CMS-Guide

AF608974

Business Computing

Bücher und neue Medien aus der Reihe Business Computing verknüpfen aktuelles Wissen aus der Informationstechnologie mit Fragestellungen aus dem Management. Sie richten sich insbesondere an IT-Verantwortliche in Unternehmen und Organisationen sowie an Berater und IT-Dozenten.

In der Reihe sind bisher erschienen:

SAP, Arbeit, Management
von AFOS

Modernes Projektmanagement
von Erik Wischnewski

Projektmanagement für das Bauwesen
von Erik Wischnewski

Projektmanagement interaktiv
von Gerda M. Süß und Dieter Eschlbeck

Elektronische Kundenintegration
von André R. Probst und Dieter Wenger

Moderne Organisationskonzeptionen
von Helmut Wittlage

SAP® R/3® im Mittelstand
von Olaf Jacob und Hans-Jürgen Uhink

Unternehmenserfolg im Internet
von Frank Lampe

Electronic Commerce
von Markus Deutsch

Client/Server
von Wolfhard von Thienen

Computer Based Marketing
von Hajo Hippner, Matthias Meyer und Klaus D. Wilde (Hrsg.)

Dispositionsparameter von SAP® R/3-PP®
von Jörg Dittrich, Peter Mertens und Michael Hau

Marketing und Electronic Commerce
von Frank Lampe

Projektkompass SAP®
von AFOS und Andreas Blume

Projektleitfaden Internetpraxis
von Michael E. Sträubig

Existenzgründung im Internet
von Christoph Ludewig

Joint Requirements Engineering
von Georg Herzwurm

Controlling von Projekten mit SAP R/3®
von Stefan Röger, Frank Morelli und Antonio del Mondo

Silicon Valley – Made in Germany
von Christoph Ludewig, Dirk Buschmann und Nicolai Oliver Herbrand

Data Mining im praktischen Einsatz
von Paul Alpar und Joachim Niedereichholz (Hrsg.)

Die E-Commerce Studie
von Karsten Gareis, Werner Korte und Markus Deutsch

Supply Chain Management
von Oliver Lawrenz, Knut Hildebrand, Michael Nenninger und Thomas Hillek

B2B-Erfolg durch eMarkets
von Michael Nenninger und Oliver Lawrenz

Der CMS-Guide
von Jürgen Lohr und Andreas Deppe

Vieweg

Jürgen Lohr
Andreas Deppe

Der CMS-Guide

Content Management-Systeme:
Erfolgsfaktoren, Geschäftsmodelle,
Produktübersicht

Die Deutsche Bibliothek – CIP-Einheitsaufnahme
Ein Titeldatensatz für diese Publikation ist bei
Der Deutschen Bibliothek erhältlich.

1. Auflage Oktober 2001

Alle Rechte vorbehalten
© Friedr. Vieweg & Sohn Verlagsgesellschaft mbH, Braunschweig/Wiesbaden, 2001
Softcover reprint of the hardcover 1st edition 2001

Der Verlag Vieweg ist ein Unternehmen der Fachverlagsgruppe BertelsmannSpringer.
www.vieweg.de

Das Werk einschließlich aller seiner Teile ist urheberrechtlich geschützt. Jede Verwertung außerhalb der engen Grenzen des Urheberrechtsgesetzes ist ohne Zustimmung des Verlags unzulässig und strafbar. Das gilt insbesondere für Vervielfältigungen, Übersetzungen, Mikroverfilmungen und die Einspeicherung und Verarbeitung in elektronischen Systemen.

Gedruckt auf säurefreiem und chlorfrei gebleichtem Papier.

Die Wiedergabe von Gebrauchsnamen, Handelsnamen, Warenbezeichnungen usw. in diesem Werk berechtigt auch ohne besondere Kennzeichnung nicht zu der Annahme, dass solche Namen im Sinne der Warenzeichen- und Markenschutz-Gesetzgebung als frei zu betrachten wären und daher von jedermann benutzt werden dürften.

Konzeption und Layout des Umschlags: Ulrike Weigel, www.CorporateDesignGroup.de

ISBN 978-3-322-90201-6 ISBN 978-3-322-90200-9 (eBook)
DOI 10.1007/978-3-322-90200-9

Vorwort

Content Management Systeme - Zukunft oder Vision?

Was auf den ersten Blick wie eine neumodische komplizierte Technologie, Geschäftsabläufe umzustellen und anders zu verwalten, erscheint, erweist sich nach eingehender Betrachtung der Argumente durchaus als sinnvoll und notwendig, um in der heutigen Zeit reaktionsschnell Geschäftsabläufe zu planen und abzuwickeln.

Nun existieren unzählige dieser Systeme, die es dem Nutzer ermöglichen sollen, seine Geschäfte effektiver zu gestalten und zu optimieren. Man hat schon etwas davon gehört, sich eventuell ein Halbwissen angelesen und sich bereits mit einigen namenhaften Herstellernamen vertraut gemacht.

Befindet man sich jedoch in der konkreten Situation, herausfinden zu wollen, ob ein solches System im eigenen Betrieb zu einer Optimierung führen würde, gestaltet sich die Suche nach konkreten Informationen schon schwieriger. Denn dann gilt es u. a. herauszufinden, welche Ausstattung das Content Management System haben sollte, um die einzelnen Geschäftsfelder abzudecken. Dem umsichtigen Betriebsverantwortlichen stellt sich die Frage, welche Dinge vor und während der Einführung eines solchen Systems beachtet werden sollten.

Aktuelle Literatur, die einerseits auf kurze, prägnante Weise ein Basiswissen über den komplexen Bereich der Content Management Systeme vermittelt und es andererseits dem Leser ermöglicht, darausfolgernd konkrete Schlüsse für seine individuelle Betriebssituation zu ziehen, exisitiert nur in geringem Umfang. Die Suche danach in unterschiedlichen Quellen (Print, Internet, etc.) gestaltet sich aufwändig und Zeit raubend. Informationen der jeweiligen Hersteller sind von unterschiedlicher Qualität und Tiefe. Fachbegriffe werden teilweise unterschiedlich verwendet bzw. doppelt belegt, so dass immer eine gewisse Unsicherheit über den tatsächlichen Informationsgehalt besteht.

Dies genau war der Beweggrund, das vorliegende Buch, den **CMS-Guide,** zu veröffentlichen. Die Autoren, beruflich selbst mit dem Thema Content Management Systeme konfrontiert, befanden sich mehrmals in der Situation, Informationen mühselig zusammen suchen zu müssen und einen langwierigen Abgleich zur endgültigen Bewertung der Fakten durchzuführen. Aus dem Wunsch, Schlussfolgerungen und Entscheidungen für den Einsatz von Content Management Systemen sicher und individuell auf den jeweiligen Fall abgestimmt treffen zu können, entsprang die Idee, einen "Führer" durch die Welt der Content Management Systeme zu entwickeln. Der **CMS-Guide** sollte alle wesentlichen Punkte zur Beurteilung und Entscheidungsfindung enthalten. Den in den Prozess einbezogenen Entwicklern und Entscheidern sollte er es ermöglichen, dieselbe Sprache zu sprechen und auf diese Weise wertvolle Zeit zu sparen, die besser für die optimale Planung verwendet werden kann.

Dieses Buch wendet sich somit in erster Linie an Entscheidungsträger in den Bereichen Medien und IT-Management. Die klar, verständliche Klassifizierung der jeweiligen Einsatzbereiche von Content Management Systemen ermöglicht es dem Leser, seine individuellen Anforderungen an ein Content Management System zu konkretisieren. Anhand der ausführlichen Beschreibung von zwei realen Einsatzszenarien von Content Management Systemen namhafter Unternehmen können Rückschlüsse auf den Gesamtumfang und die Betrachtungsweise der Systeme gezogen werden.

Der zweite Teil bietet umfangreiche Produktlisten der unterschiedlichen Hersteller, gegliedert nach übersichtlich angeordneten Schwerpunkten. Die Suche nach dem passenden System wird vereinfacht und lässt sich effizient gestalten.

Im dritten Teil des Guides wird der Entscheider Schritt für Schritt zur richtigen Auswahl des Systems geführt. Ein gutes System alleine verheißt noch keinen Erfolg. Vielmehr muss es auch optimal in darauf zugeschnittene Geschäftsprozesse eingebettet werden, um effizient sein zu können. Basierend auf dieser Tatsache enthält der dritte Teil neben einer expliziten Darstellung der unterschiedlichen Ebenen, die für den Einsatz eines Content Management Systems entscheidend sind, umfangreiche Checklisten in Tabellenform, die eine zielgenaue Auswahl ermöglichen. Dabei werden sämtliche relevanten Bereiche sowohl aus technischer, serviceorientierter als auch aus betrieblicher Sicht punktgenau abgedeckt.

Die Zusammenarbeit der beiden Autoren Dr. Jürgen Lohr und Andreas Deppe ermöglichte es, ein Buch aus der Praxis für die Praxis zu schreiben. Dr. Jürgen Lohr ist als Projektmanager im Bereich Content Management Systeme und als Dozent an der TU Berlin tätig. Andreas Deppe ist als Berater im Medienbereich tätig und übt gleichzeitig eine Dozententätigkeit für betriebliche Schulungen und Weiterbildung aus. Die jeweiligen Beschäftigungsfelder der Autoren ermöglichten es, technische, betriebliche und didaktische Kenntnisse derart zusammenfließen zu lassen, dass es dem Leser leicht fällt, eine übergreifende Beurteilung der Content Management Systeme zur betrieblichen Einführung und Optimierung zu treffen.

Wenn sich der Leser nach Lektüre dieses Buches ermutigt fühlt seine Geschäftsabläufe zu analysieren, die Möglichkeiten zur Einführung eines Content Management Systems anhand der vorgegebenen Argumente zu prüfen und schließlich mit einiger Sicherheit einen Schritt bei der Entscheidungsfindung vorangekommen ist, dann hat dieses Buch seinen Zweck erfüllt. Wir wünschen Ihnen, dass Sie mit Hilfe unseres Buches erfolgreich beurteilen können, ob die **Vision des *Content Managment Systems* für Sie Zukunft werden kann**.

Berlin, im August 2001 Dr. Jürgen Lohr und Andreas Deppe

Zusammenfassung

Nach einer Einführung in die Grundlagen des Content Managements, in der die Begriffe Daten, Content Prozess und Content Life Cycle erläutert werden, erfolgt eine Klassifizierung von Content-Management-Systemen in die Bereiche Cross Media Publishing, Infobroker (Syndicator), Dokumentenmanagement, Informationspool, Unternehmensinformation, Wissensmanagement, Training, Portale, Customer Interaction & Care, Customer Relationship Management, Kommerzielle Community, Application Service Provider, E-Commerce und Marktplätze.

Anhand einer technischen und inhaltlichen Zusammenfassung der Einsatzbereiche ergeben sich die Leistungsmerkmale: Visualizing, Retrieval, Organizing, Collaboration, Modularisierung, Skalierbarkeit und Authoring.

Produkte werden den Einsatzbereichen zugeordnet und ausführlich beschrieben. Dabei fällt auf, dass bei den "Top-20-Produkten" die Bereiche Cross Media Publishing, Unternehmensinformation und Informationspool dominieren. Geringe Unterstützung erfahren zurzeit die Bereiche Wissensmanagement, Customer Interaction & Care sowie Training.

Ein kritischer Erfolgsfaktor für die Einführung und den Betrieb eines Content-Management-Systems ist die Unterstützung des gewählten Geschäftsmodells. Die Einführung kann durch technische und organisatorische Auswahlverfahren unterstützt werden.

Ein Schichtenmodell zeigt die Einbindung oder Optimierung eines Content-Management-Systems in ein Unternehmen. Einerseits können organisatorische, innerbetriebliche und marktorientierte Anforderungsprofile abgeleitet werden, andererseits ergeben sich aus der innerbetrieblichen IT-Struktur Determinanten für die Leistungsmerkmale und den Funktionsumfang des auszuwählenden Content-Management-Systems.

Als ein wesentlicher kritischer Erfolgsfaktor stellte sich heraus, dass das Content-Management-System in der Lage sein sollte, dynamische Geschäftsmodelle abzubilden. Dieses Kriterium wird zusätzlich durch die diversen Checklisten, deren Aufbau auf dem Schichtenmodell basiert, herausgearbeitet.

Inhaltsverzeichnis

1 Einleitung

Im Zeitalter der vernetzten Gesellschaft spielen Informationen – Daten – eben der Content auf allen Ebenen und in allen Bereichen, geschäftlich und privat, eine wichtige Rolle. Wenn man so will, dreht sich die Fähigkeit eines Unternehmens, sich in Online-Transaktionen einzubinden, Partner- und Lieferantenbeziehungen zu pflegen sowie entsprechende Interaktionen wahrzunehmen, zum großen Teil erst einmal um den Content. Somit stellt die Möglichkeit für Unternehmen, Content schnell und zuverlässig zu erzeugen, zu personalisieren, zu verwalten und an jeweilige Geschäftspartner, Angestellte oder Kunden zu liefern, einen bedeutenden Eckstein für den geschäftlichen Erfolg dar. Voraussetzung für eine erfolgreiche Verwertung des Contents ist hierbei die Dynamik eines Unternehmens, d. h. die erfolgreiche Fähigkeit, jederzeit aktualisierten, relevanten und spezifisch genauen Content über verschiedene Medien verfügbar zu machen.

Je größer und umfangreicher der Content, desto aufwändiger gestaltet sich die Pflege. Dies ist der Ansatzpunkt für Content-Management-Systeme (CMS), die es ermöglichen, o. g. Anforderungen ressourcensparend zu erfüllen und Content in vielfältigen Medienformaten zu publizieren. CMS können dazu eingesetzt werden, eine effektive Online-Präsenz zu entwickeln und zu unterhalten, sei es via Internet, Intranet oder Extranet. Es eröffnen sich jedoch auch andersartige Publikationsmöglichkeiten, so z. B. der Content-Abruf via Telefax oder Telefon (Spracherkennung) sowie via Fernsehen (elektronischer Programmführer). Ein weiteres großes Anwendungsgebiet stellt der betriebliche Einsatz von CMS dar. Hierbei wäre vor allem als bedeutendes Argument die Arbeitserleichterung und –rationalisierung bei der ISO–Zertifizierung eines Unternehmens zu nennen. Gleichwohl gibt es noch andere Argumente, die für die betriebliche Einführung von CMS in Unternehmen ab einer gewissen Mitarbeiterstärke sprechen.

Da CMS noch relativ „junge" Technologien sind, existieren z. Zt. unterschiedliche Begriffswelten - in Wissenschaft, Betrieben und Veröffentlichungen werden bestimmte Bezeichnungen mit zum

Teil unterschiedlichen Bedeutungen verwendet. Auf Grund des differierenden Verständnisses entsteht eine gewisse „Verwirrung", die den Vergleich unterschiedlicher CMS erschwert. Der erste Teil dient vor allem zur Einführung und Vereinheitlichung der verwendeten Fachbegriffe, um somit die Strukturen der CMS verständlich zu machen. Auf diese Weise wird es möglich, Gemeinsamkeiten verschiedener CMS und deren Peripherie festzustellen und daraus eine Klassifizierung herzuleiten. Analog zu den beiden großen unterschiedlichen Einsatzbereichen von CMS werden zwei Einsatzszenarien für den betrieblichen Einsatz sowie den syndikalisierten Einsatz dargestellt, um die Anwendungsbereiche zu verdeutlichen.

Der zweite Teil dient der Orientierung über die z. Zt. am Markt gängigen Produkte. Er gibt einen detaillierten Einblick in die Leistungsumfänge der jeweiligen CMS unterschiedlicher Hersteller.

Bevor CMS erfolgreich eingeführt werden können, muss eine eingehende Prüfung der jeweiligen Unternehmenssituation erfolgen. Dabei spielen mehrere Dimensionen eine Rolle: Wie oben erwähnt, handelt es sich bei CMS um einen noch jungen Markt mit jungen Produkten; entsprechend unterschiedlicher Einsatzgebiete werden sehr spezielle Anforderungen – sowohl von Dienst- als auch von Anwenderseite her, die durch CMS unterstützt werden sollen - an die Systeme gestellt; bei der Einführung von CMS treten häufig eine Reihe von unternehmenstypischen Problemen auf, die durch entsprechende Vorbereitung schon im Vorfeld abgeschwächt bzw. vermieden werden könnten. Der dritte Teil bemüht sich, Kriterien aufzuzeigen, die eine erfolgreiche Einführung und Nutzung von CMS ermöglichen. Im Anschluss daran dienen die Checklisten als „Führer" durch den Entscheidungs- und Auswahlprozess für ein Content Management System. Sie orientierten sich streng an der Praxis und erlauben es dem Nutzer, durch detaillierte Fragestellungen die Ist- und Soll-Situation seines Betriebs zielgenau zu analysieren. Kopiert und vergrößert können sie beliebig verwendet werden, um ein Content Management System Realität im Unternehmen werden zu lassen.

2 CMS Klassifizierung

In diesem Abschnitt werden durch die Definition der unterschiedlichen Fachbegriffe „rund um den Content" Grundlagen der CMS dargestellt. Die dadurch herausgearbeitete Klassifizierung von CMS wird durch das detaillierte Aufzeigen der unterschiedlichen Einsatzgebiete verdeutlicht. Daraus resultierend werden den Einsatzgebieten die jeweiligen Leistungsmerkmale in Tabellenform zugeordnet. Abschließend werden zwei Einsatzszenarien der zwei gegensätzlichsten Einsatzbereiche (betrieblich/syndikalisiert), die zugleich die am Markt relevantesten sind und teilweise weitere der genannten Einsatzbereiche mit einschließen, entwickelt.

2.1 Terminologie

Die Begriffe, wie sie in diesem Buch zu verstehen sind, werden im Folgenden für die Begriffe Daten, Content, Content-Management und Content-Prozess dargelegt.

2.1.1 Daten

Daten an sich sind zuerst als Rohinformationen zu verstehen. Durch Interpretation erhalten Daten einen Sinn und werden so zur Information. Bestimmte Informationen haben einen höheren „Nutzungsgrad" und können somit als Objekt - bzw. Austauschgegenstand gehandelt werden. Aus Information wird der Content, wenn viele Nutzer sich für gleichartige Informationen interessieren (Abbildung 1).

Wenn der Content einen Wert darstellt, der auf dem Markt als Wirtschaftsgut genutzt werden kann, spricht man vom Asset.

Auf der anderen Seite beeinflusst die Information menschliches Verhalten. Es wird somit zum Wissen, da es auf individueller Wahrnehmung und Interpretation der jeweiligen Information beruht.

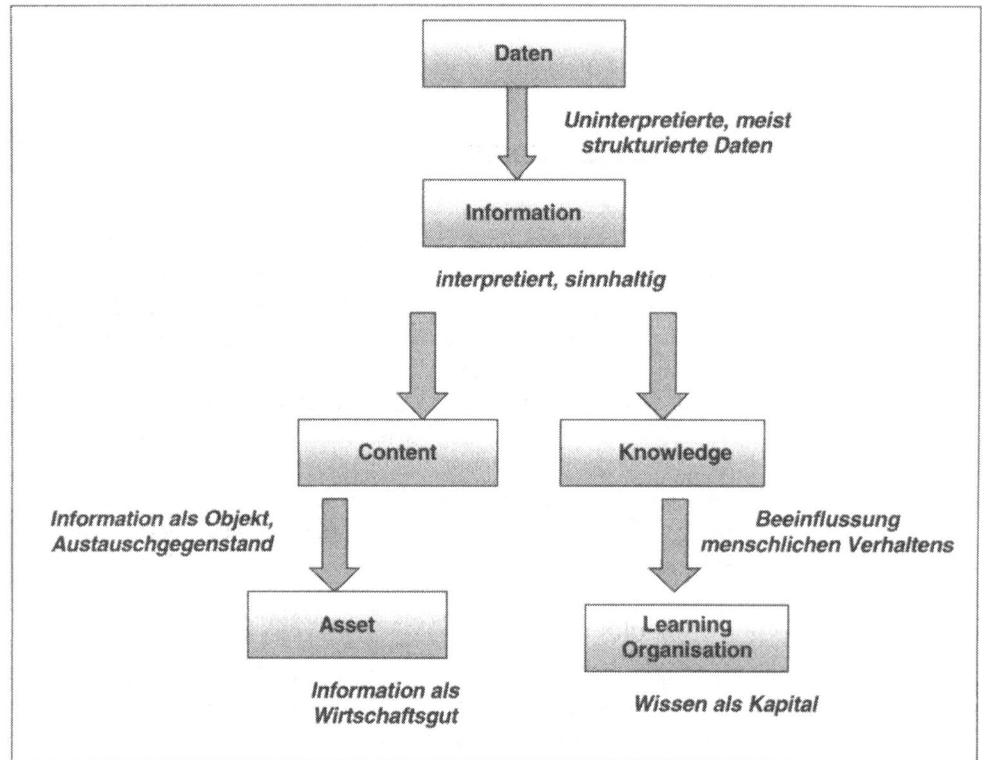

Abbildung 1: Daten

2.1.2 Definition Content

Content setzt sich aus den drei Teilen Inhalt, Struktur und Layout zusammen (Abbildung 2).

- Teilmengen des Inhalts werden durch Daten dargestellt, die in Form von Texten, Bildern, Sprache, Musik, Filmen und Programmen vorliegen können. Dabei werden Zeichen, Grafiken und Töne kombiniert.
- Das Layout definiert die Form der Inhalts-Präsentation. Templates fassen bestimmte Gruppen dieser Darstellungsarten zusammen.
- Die Gliederung und Klassifizierung des Inhalts erfolgt durch die Struktur. Durch Links und Beziehungen wird der Inhalt ergänzt, und es wird somit gleichzeitig auf Zusatzinformationen hingewiesen.

⇨ Dokumente können daher als „form"-atierte Inhalte verstanden werden.

⇨ ***Durch getrennte Speicherung und Verarbeitung von Struktur, Layout und Rohinhalten wird Content Management erst möglich.***

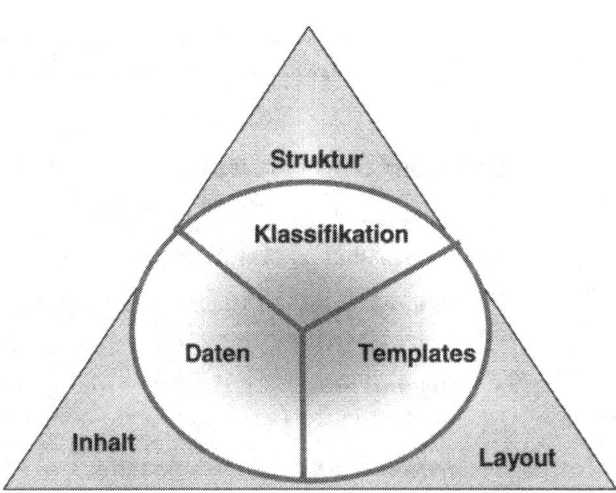

Abbildung 2: Content

2.1.3 Content-Typologien

Content kann entsprechend folgender Typologien unterschieden werden:

• Lebensdauer:	langlebiger Content
	Content mit kurzer Halbwertszeit
• Exklusivität	exclusiver Content
	nicht exclusiver Content
• Generierung	anbietergenerierter Content
	nutzergenerierter Content
• Phasierung	auf verschiedene Kaufphasen bezogener Content

2.1.4 Definition Content Management

Unter Content Management wird verstanden:

- Content Management bezeichnet den zielgerichteten und systematischen Umgang mit der Erzeugung, der Verwaltung und Zur-Verfügung-Stellung von Inhalten in flexibler Granularität.
- Die gängige Informationstechnologie dient dabei der Unterstützung des Entstehungs- und Verwaltungsprozesses, der Nutzung sowie des verteilten, gleichzeitigen Arbeitens von Content –Lieferanten.

2.1.5 Definition Content Prozess

Der Content Prozess ist eine fließende Aufeinanderfolge verschiedener Phasen (Abbildung 3):

- ***Generierung:*** In dieser ersten Phase wird der Content erzeugt.
- ***Organisation:*** In der zweiten Phase wird der generierte Content in die benötigte Form gebracht.
- ***Aufbereitung:*** Die Bearbeitung des Contents erfolgt in der dritten Phase.
- ***Distribution:*** Die vierte Phase stellt die Content-Lieferung dar.
- ***Nutzung / Präsentation:*** In der fünften und letzten Phase des Content Prozesses wird der Content navigiert bzw. beim Endanwender dargestellt.

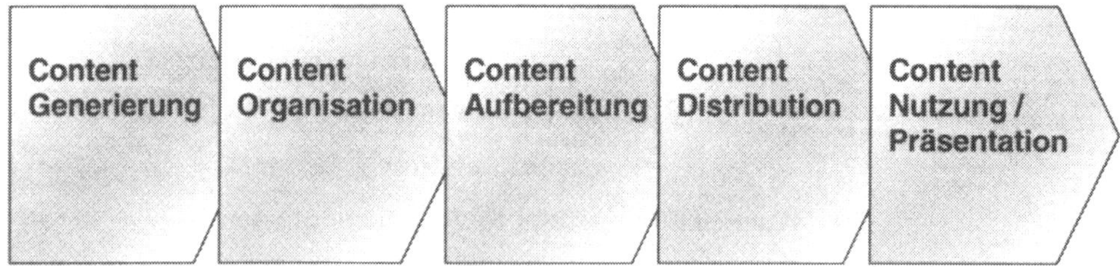

Abbildung 3: Content Prozess

2.1.6 Definition Content Lebenszyklus (Life Cycle)

Der Content Lebenszyklus: Generierung – Organisation – Aufbereitung – Distribution - Nutzung - Reduzierung wird anhand der in Abbildung 4 dargestellten Unterbegriffe verdeutlicht. Hervorzuheben ist die Tatsache, dass aus dem Content, der den gesamten Zyklus durchlaufen hat, durch die Nutzung neuer Content entsteht, der wiederum generiert werden und in den Kreislauf eingehen kann.

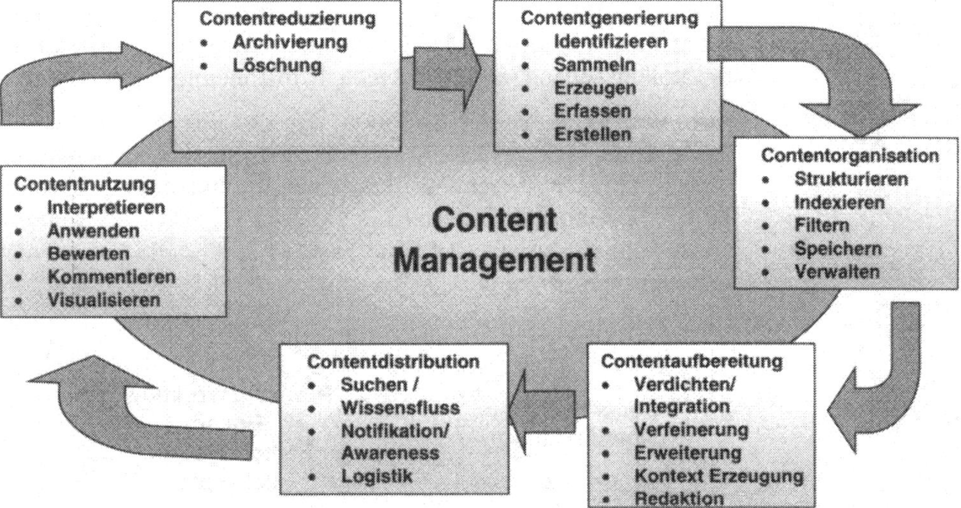

Abbildung 4: Content Lebenszyklus (Life Cycle)

2.1.7 Definition Content-Management-Systeme

Bei ideeller Betrachtungsweise setzen sich CMS aus drei Teil-Elementen zusammen, die gemeinsam auf die CMS einwirken (Abbildung 5):

- Technische Architektur
- Organisatorische und verwaltungsrelevante Aspekte
- Eigentliche Information

Unter **technischer Architektur** ist der Aufbau des Informationsflusses, der Schnittstellen und die Modularisierung zu verstehen. Das Zusammenspiel von Hardware und Software ergibt die

Infrastruktur. Bestehende Softwarelösungen werden beim CMS-Betreiber integriert und an das jeweilige CMS angeschlossen.

Organisatorische und verwaltungsrelevante Aspekte werden innerhalb des Betriebs unterstützt. Dabei durchläuft die Information verschiedene Prozesse. Unterschiedliche Personen haben unterschiedliche Rollen und damit auch unterschiedliche Aufgaben, den Content zu generieren, organisieren, nutzen etc. (sh. Abb. 4: Content Lebenszyklus). Zwischen den unterschiedlichen Rollen gibt es einen festgelegten Workflow. Der Zugang zum Content ist entsprechend dem Berechtigungskonzept festgelegt, d. h. unterschiedliche Personen haben entsprechend ihren Rollen Zugang zu unterschiedlichem Umfang des Contents.

Informationen werden generiert. Im Content Prozess gibt es einen Lebenszyklus (Life Cycle) der Information: Generierung, Organisation, Aufbereitung, Distribution, Nutzung/Präsentation und Informationsreduzierung. Durch die Content-Nutzung/Präsentation wird beim Endanwender neue Information generiert, die erneut in o. g. Kreislauf einfließt.

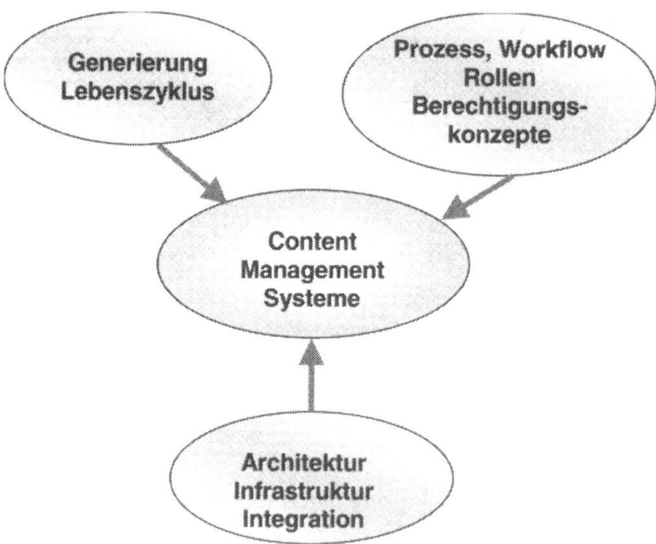

Abbildung 5: Content-Management-Systeme

Der Grundgedanke eines CMS verfolgt zwei Hauptziele: Die Anbindung und Beteiligung dezentral agierender Contentlieferanten sowie die Entlastung der Administratoren und Redakteure bei der Pflege und Wartung einer komplexen und hochgradig vernetzten

Informationsplattform. Durch den Dezentralisierungsgedanken ist grundsätzlich auf Grund geringer Durchlaufzeiten eine höhere Aktualität Gewähr leistet. Die durchgängige elektronische Kommunikation reduziert sowohl Medienbrüche als auch die daraus resultierenden Folgefehler.

2.1.8 Definition Service-Prozesse und Workflow

Service-Prozesse beschreiben die betrieblichen Abläufe, Arbeiten und Ergebnisse von Seiten des Produktmanagements. Sie stellen die unternehmensweite Sichtweise für den Betreiber dar.

Der Workflow beschreibt die Tätigkeiten und Aufgaben der einzelnen Personen und deren Zusammenarbeit. Workflow bedeutet die personenbezogene Sichtweise von Seiten der aktiven Mitarbeiter.

Mit dem Einsatz von CMS soll die Standardisierung der betrieblichen Prozesse und der personenbezogenen Tätigkeiten unterstützt werden. Routineaufgaben sollen mittels CMS automatisiert und Aufgaben vereinfacht abgewickelt werden.

Im Folgenden werden einige Aspekte, die Service-Prozesse und Workflow berühren, aufgeführt.

- Erstellung (Authoring neuer redaktioneller Information)
- Pflege (Editing von bestehenden Informationen)
- Qualitätssicherung und Freigabe (Workflow zwischen einzelnen Berechtigungsgruppen)
- Unterstützung der Redaktion zur Entwicklung und zur Kontrolle von Contentzusammenstellungen (Sitestruktur, Navigation, Hilfe, Templates)
- Steuerung (Release- und Verfallsdatenüberwachung, Stylesheet-Verwaltung)
- Benutzerverwaltung (Gruppen, Rollen, Rechte)

2.2 Einsatzbereiche

Auf dem Markt finden sich unterschiedliche Content-Management-Systeme. Bei näherer Betrachtung stellt sich heraus, dass diese CMS entweder szenarisch oder als Systemlösung eingesetzt werden. Dabei ergeben sich Szenarien aus unterschiedlichen Einsatzgebieten in unterschiedlichen Branchen und Institutionen. CMS-Systemlösungen dagegen übernehmen spezielle Aufgaben in Unternehmen.

Durch die Sammlung der Anforderungen hinsichtlich der Leistungsmerkmale eines CMS ergeben sich gemeinsame technische Einsatzszenarien und Produktanforderungen. Aus der Zusammenfassung der o. g. beiden Punkte wurde eine Klassifizierung hergeleitet. Dabei werden folgende Einsatzgebiete betrachtet (Abbildung 6):

- Cross Media Publishing
- Infobroker (Syndicator)
- Dokumentenmanagement
- Informationspool
- Unternehmensinformation
- Wissensmanagement
- Training
- Portale
- Customer Interaction & Care
- Customer Relationship
- Kommerzielle Community
- Application Service Provider
- E-Commerce und Marktplätze

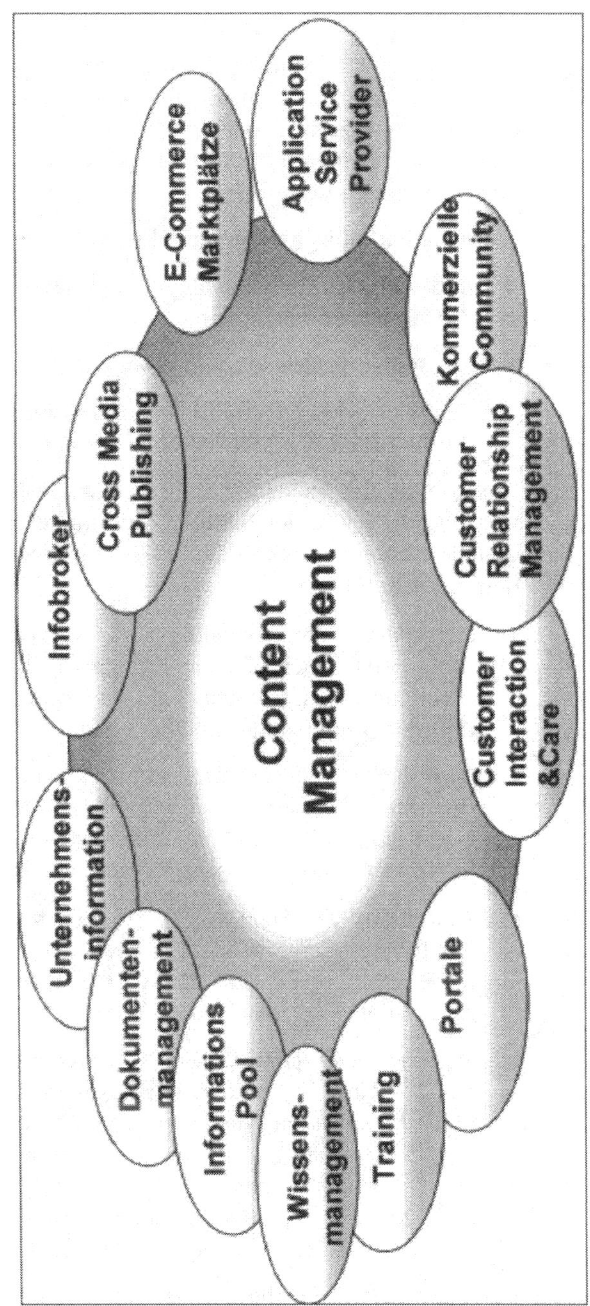

Abbildung 6: Einsatzbereiche Content Management

2.2.1 Cross Media Publishing

Cross Media Publishing (CMP) ist die Publikation von Content über mehrere, unterschiedliche Ausgabemedien. Häufig wird CMP zur Realisierung von komplexen Internet-Auftritten eingesetzt. Weitere, neuere Anwendungsfelder sind WAP, SMS sowie Publikationen auf CD.

Cross Media Publishing Systeme bieten folgende Funktionen:

- Authoring und Publishing von standardisierten Artikeln, News und Publikationen;
- Klassifikation/Priorisierung etwa nach Kategorien, Aktualität;
- Templates, Workflow, Rollen und Deployment sind auf die Produktion von elektronischen Medien ausgerichtet.

Um Content auf vielfältige Art und Weise verbreiten zu können, werden von Seiten der Betreiber bestimmte Anforderungkriterien gestellt. CMS für Cross Media Publishing unterstützen diese Kriterien, die wie folgt lauten:

- *Aktualität:* Unter Aktualität wird der zeitliche Abstand zwischen dem beschriebenen Erreignis und dem Zeitpunkt der Erzeugung des Contents verstanden. Eine hohe Aktualität erfordert zeiteffiziente Abläufe.
- *Variabilität:* Die Variablilität bezeichnet die Sicherheit, mit der Inhalte geplant werden können. Eine hohe Variabilität erfordert flexible Abläufe, bei der die inhaltliche Planung kurzfristig revidiert werden kann.
- *Haltbarkeit:* Die Haltbarkeit bezieht sich auf die Zeitdauer, in der Inhalte „veralten". Für den Kunden werden veraltete Inhalte uninterresant. Eine hohe Haltbarkeit legt die Archivierung von Inhalten für den Kunden nahe.
- *Wiederverwendbarkeit:* Die Wiederverwendbarkeit bezeichnet den Umfang, in dem Inhalte unterschiedlicher Produkte ohne Änderunden wiederverwendet werden können (wie z. B. Gesetzestexte und technische Dokumentationen). Müssen auf Grund einer geringen Wiederverwendbarkeit redaktionelle Anpassungen des Inhalts an unterschiedliche Produkte erfolgen, wird ein Variantenmanagement erforderlich.
- *Komplexität:* In diesem Zusammenhang bezieht sich die Komplexität nicht auf inhaltliche Komplexität, sondern auf die Anzahl der zu verwendenen Medienformate. Man unter-

scheidet grob zwischen statischen (Text, Bild) und dynamischen Medienformaten (Audio, Spache, Video). Die eingesetzten Werkzeuge müsssen die verwendeten Medientypen unterstützen.

- *Interaktion:* Mit Interaktion wird der Umfang bezeichnet, in dem ein Kunde selbst Einfluss auf die Auswahl bzw. die Erzeugung von Inhalten nehmen kann. Der *Bereitstellungsprozess* muss die verwendeten Interaktionsformen unterstützen.
- *Inhalte:* Inhalte werden über eine bestimmte Anzahl von Zielmedien distribuiert. Aus technischer Sicht kann grob zwischen digitalen Medien (Internet, CD- Rom, DVD, digitaler Rundfunk, Handy, Videotext, Pager, etc.) und analogen Zielmedien (Print, Telefon, Fax) unterschieden werden. Eine Publikation der Inhalte auf mehreren Zielmedien erfordert medienübergreifende Datenhaltung und Konvertierungsmechanismen.
- *Zielmedien:* Die Zielmedien können Bestandteil mehrerer Zielprodukte sein. Die Publikation der Inhalte in mehreren Produkten erfordert produktionsübergreifende Datenhaltung und Konvertierungmechanismen.
- *Erscheinungsfrequenz:* Die Erscheinungsfrequenz definiert die Zielpunkte, an denen die Produkte dem Kunden verfügbar gemacht werden. Man unterscheidet einmalige und mehrmalige Publikationen, wobei mehrmalige Publikationen in regelmäßig und unregelmäßig erscheinende Veröffentlichungen aufgegliedert werden. Zusätzlich ist zu definieren, wie stark die Inhalte dabei variieren (Auflage/Ausgabe). Eine hohe Erscheinungsfrequenz erfordert zeiteffiziente Abläufe.
- *Absatzmärkte:* Es gilt, relevante Absätzmärkte zu bestimmen. Neben der Verbreitung von redaktionellem Inhalt wird die Publikation dazu genutzt, Werbung zu transportieren. Aus diesem Grund werden Medienprodukte gelegentlich auch als Verbundprodukte bezeichnet. Bei Verbundprodukten müssen über die redaktionellen Inhalte hinaus auch nicht-redaktionelle Inhalte, z. B. wie Werbetext und Bilder verwaltet und gepflegt werden.

Aus diesen Kriterien können konkrete Anforderungen sowohl für die Aufbau- als auch für die Ablauforganisation sowie für die erforderliche IV-Systemunterstützung abgeleitet werden.

Durch die inhärente Trennung von Layout und Inhalt beim Cross Media Publishing ist es ohne Probleme möglich, auf einer einheitlichen Basis mehrere Präsentationskanäle über verschiedene XSL Style Sheets zu bedienen. Dieser Vorteil wird sich noch einmal deutlich verstärken, wenn die Endgeräte selbst XML-fähig werden und der zurzeit noch notwendige Transformationsschritt (z. B. nach HTML für Internetanwendungen) damit entfällt.

Die stärksten Anbieter von CMP stellen die Medienhäuser dar. Als unbestreitbar die redaktionell kompetentesten Anbieter für wirtschaftliche Inhalte konnten sie eine klar marken- und qualitätsorientierte Strategie entwickeln.

Der Stagnation auf vielen Print-Märkten versuchen die Medienhäuser durch ein Engagement auf dem Online-Markt zu begegnen. Dabei steht die Redaktion der Medienunternehmen unter einem erheblichen Kostendruck, da sich zusätzlich Umsätze mit Online-Produkten nicht so schnell realisieren lasssen, wie es von den Verlagen ursprünglich erhofft wurde.

Allerdings zeigt sich gerade an diesem Beispiel, dass CMP eine eigene Problematik mit sich bringt:

Auf den ersten Blick schien die parallele Content-Verwertung in Print- und Online-Medium ideal zu sein: Indem der Content, der via Print-Medium ausgegeben wurde, kurz darauf online präsentiert wurde, war es möglich die Online-Inhalte kostengünstig, ja beinahe kostenlos abzugeben. Die Wertschöpfungskette war gegeben. Diese Inhaltswiederverwertung allerding legt eine differenziertere Betrachtungsweise nahe:

Im Falle einer Wiederverwendung von Inhalten ist im Rahmen der Zielproduktdefinition neben der Auswahl der zu unterstützenden Zielmedien auch das Verhältnis der Zielmedien untereinander zu sehen. In diesem Zusammenhang kann eine inhaltliche und eine zeitliche Dimension unterschieden werden. Die inhaltlichen Dimension spezifiziert, in welchem Umfang die unterschiedlichen Zielmedien inhaltlich gekoppelt sind, d. h. welche Substanz auf verschiedenen Zielmedien identisch ist (oder in spezielle Varianten angeboten wird) und auf welchen Medien exklusive Inhalte zu publizieren sind. Hierbei unterscheiden insbesondere Medienunternehmen noch häufig zwischen einem Kern-Produkt, für das der Inhalt primär zu produzieren ist und mit dem der größte Anteil am Umsatz erwirtschaftet wird, und den „unterstützenden Produkten", die z. B. Substanzen rekombinieren und/oder mit einem Zusatznutzen versehen ist. Typisches

Beispiel ist der Zeitungsverlag, der die Inhalte seiner aktuellen Print-Ausgabe im Rahmen seiners Angebots in Auszügen verfügbar macht und durch eine Volltextsuche im recherchierbaren Archiv ergänzt. Falls eine inhaltliche Kopplung der Angebote besteht, sind außerdem die Zeitpunkte festgelegt, an dem verschiedene Medien veröffentlicht werden sollen.

Im Bereich der wissenschaftlichen Zeitschriften ist es mittlerweile üblich, Auszüge oder Volltextbeiträge aus der Print-Produktion vorab online als Preview zu publizieren.

Von Online-Publikationen wird heutzutage erwartet, dass sie aktueller als Print-Daten sind, d. h. die simple Parallel-Verwertung, bei der Online-Publikation schlicht aus Print-Daten erzeugt werden konnte, funktioniert nicht mehr. Im Gegenteil, extra Online-Redakteure für die Recherche der top-aktuellen Daten stellen einen zusätzlichen Kostenaufwand dar. Dem gegenüber steht bis jetzt noch eine relativ geringe Anzahl von Subscribern für Online-Publikationen. Die Wertschöpfungskette wird unterbrochen.

Spielt man dieses Szenario weiter durch, legt sich die Schlussfolgerung nahe, dass die Print-Publikation an das Ende der Wertschöpfungskette geraten müsste, da der Druck auf die Medienhäuser, ins Online-Geschäft zu investieren, wächst. Da aber das Print-Medium für die Medienhäuser weiterhin das Stammgeschäft darstellt, ist davon auszugehen, dass die Verlage intern noch große Konflikte im Zusammenhang mit dieser neuen Schwerpunktentwicklung austragen werden.

2.2.2 Infobroker (Syndicator)

Der Infobroker vermittelt Inhalte von Content-Providern an verschiedene Dienste-Provider. Infobroker spielen eine zentrale Rolle im Austausch von Angebot und Nachfrage; sie schöpfen Gewinn aus der Mehrfachverwertung der Inhalte. Besonders interessant ist der Infobroker für Dienste, die ihr Angebot mit geschäftsrelevanten Informationen aufwerten wollen, wie z. B. mit Branchen-News, Börsenkursen oder aktuellen Nachrichten. Weiterhin ist der Infobroker für Dienste interessant, die bestimmten Content von anderen Sites automatisch beziehen.

Generell können Infobroker den Austausch elektronischen Inhalts vier Kategorien vermitteln:

- Allgemeinen Content, der sich gut automatisieren lässt und somit kostengünstig zu vermitteln ist.
- Speziellen, hochwertigen Content. Dieser Content ist teurer zu beziehen; häufig stellt er Zusatz-Content für spezielle Dienste dar und ist gerade für Unternehmen interessant.
- Lokaler/regionaler Content hat für den Kunden hohen aktuellen Charakter. Die Bindung mit regionalen Inhalten bedient die Aktualität eines Produktes.
- Globaler/bundensweiter Inhalt bedient mehr den weitsichtigen Kunden. Eine Bindung des globalen Inhaltes erzeugt ein langfristiges, verlässliches Produkt

Das Marktpotential des Syndicators liegt im enormen Bedarf nach Inhalten im Internetzeitalter. Die Dienste-Provider sind die Kunden der Syndicatoren. Jeder Anbieter im Netz will ein möglichst attraktives Angebot präsentieren, durch topaktuelle Inhalte seine Site für sein Marksegment anziehend gestalten, die Kundenfrequenz erhöhen und dadurch die entscheidende Differenzierung vom Mitbewerber bewirken.

Auf zwei Wegen kann die Contentbeschaffung erfolgen, einerseits durch teure Eigenproduktion in unternehmenseigenen Redaktionsteams oder andererseits durch den Zukauf von Zweit- und Drittverwertungen bereits bestehenden Contents, der Syndizierung.

- Der Infobroker gibt vielen Verlagen Gelegenheit, in einem dynamischen Markt mit bereits vorhandenen Medieninhalten durch Zweit- und Drittverwertungen Gewinne zu realisieren. Verlage haben damit attraktive Geschäftspartner sowohl für Zwischenhändler (Broker) als auch für Verwerter. Das Angebot wird von Verlagen teilweise in Eigenregie angeboten oder an Broker abgetreten.
- Gerade Content-Broker können Verlagen wesentliche Dienste bei der Vertreibung des eigenen Contents bieten, etwa durch Nachfragebündelung, Rights Clearing, technische Dienstleistung und Marketing. Damit erhöht sich die Markt- und Markenpräsenz der einzelnen Verlage erheblich, da die Inhalte von einem breiten Kundenspektrum wahrgenommen werden.
- Wie jedes Geschäft erfordert auch Content Commerce eine strikte Planung entsprechend der Kundenanforderungen. De-

ren Wünsche an Datenformat, Informationstiefe und Aufbereitung sind entscheidend, nicht die ursprünglichen Spezifika des eigenen Produkts. Diese Aufgabe fällt dem Dienste-Betreiber zu

Contentanbieter können ihre originären Inhalte in zwei grundlegenden Handelsmodellen vermarkten:

- Entweder durch den Verkauf direkt an den Endkunden mit gängigen Business-to-Consumer-Geschäftsmodelle (B2C), d. h. Vertrieb von Inhalten an Dienste-Nutzer auf dem Online-Publikationsmarkt. Der Endkunde, z. B. Internet-User, ist bislang kaum bereit, für die Nutzung von Diensten und damit verbundenem Content-Zugang zu zahlen. Zwar sind die Endkunden auf der ständigen Suche nach hochqualitativen Informations- und Unterhaltungsangeboten, aber nur sehr spezifische Angebote sind z. B. im Internet kostenpflichtig. Hieraus resultiert derzeit ein relativ geringes Marktpotential für B2C-Content-Handel.

- Anders ist die Situation im Business-to-Business-Handel (B2B), dem Vertrieb von Inhalten an Unternehmen. Hier liegen die Chancen der Syndication. In diesem Bereich gilt Content als kritischer Erfolgsfaktor bei der Realisierung der individuellen Online-Ziele, die wegen der zunehmenden Bedeutung des Internets immer höher gesteckt werden. Allerdings gehört für die Verwerter die Eigenproduktion von Content als einzige und teure Alternative zur externen Beschaffung bei der Mehrzahl der Player nicht zu den Kernkompetenzen. Hieraus resultiert ein attraktives Marktpotential für den B2B-Content-Vertrieb über diverse Kanäle. Inhalte werden dabei extern produziert, distribuiert und in diverse Dienste eingebunden. Analog zu den klassischen Medien lassen sich die Teilnehmer des Online-Syndicationmarkts in Content-Anbieter, -Broker und –Verwerter gliedern, wobei ein Player auch mehrere Rollen einnehmen kann. So stehen den Content-Anbietern (Nachrichtenagenturen, Verlage, Online-Dienste etc.) die Contentverwerter (B2C-, B2B-Portale, Corporate Websites, E-Commerce-Sites) gegenüber. Häufig werden den Verwertern die Content-Angebote gebündelt von Zwischenhändlern angeboten, die teils anbieterabhängig oder anbieterunabhängig agieren.

Die Marktteilnehmer gehen dabei mit unterschiedlichen Erwartungen an den Content Handel heran:

- Ausschlaggebend ist der Endkunde (Internet-User), der Sites mit attraktiven Inhalten präferiert, allerdings nur über eine begrenzte Zeit zum Surfen bzw. Medienkonsum verfügt und nur wenige unterschiedliche Dienste pro Monat besucht. Ihm ist an attraktiven Inhalten gelegen, die der Nutzer ohne Rücksicht auf Marketinganstrengungen oder Markennamen sucht. Sein Verhalten ist daher der Schlüssel für die Strategie der Dienste, die sich durch hochwertigen Content möglichst attraktiv präsentieren müssen, wollen sie nicht ihre Page-Impression-Rate gefährden.

- Content-Anbieter wiederum kämpfen mit hohen Kosten der Inhalteerstellung sowie den oben angedeuteten Schwierigkeiten des B2C-Vertriebs der eigenen Inhalte. Durch Einschalten eines Content-Syndicators können die Transaktionskosten gesenkt werden.

- Die Syndizierung des eigenen Contents würde zusätzliche Erlöse zu Grenzkosten gegen Null und zahlreiche Einsparpotentiale wie Verzicht auf eigene Redaktionsteams, breites Angebot, reduzierte Suchkosten, etc., bedeuten. Hinzu kommt aus Verlagssicht die Erhöhung der eigenen Brand-Awareness durch die Platzierung des eigenen Logos auf vielen hochwertigen Websites.

- Content-Verwerter möchten zur Adressierung der User-Anforderungen hochwertige Inhalte einkaufen, die Erstellung desselben gehört allerdings i. d. R. nicht zu den Kernkompetenzen der Dienste-Betreiber. Durch Konzentration auf die eigenen Kernkompetenzen und die Steigerung des Nutz- bzw. Erlebniswertes der eigenen Site durch Einbindung fremdproduzierter Content-Module steigert sich das Traffic- und Kundenbindungsvermögen.

Die größte Gruppe der Infobroker stellen die Verlage und Medienhäuser dar, die von Hause aus über eine große Menge an Informationen und Content verfügen. Als Kooperationspartner, die ihre Bedeutung im Geschäft mit Content stärken wollen, seien beispielsweise die Süddeutsche Zeitung und die Bayerische Landesbank, Holtzbrinck und Caatoosee sowie Bertelsmann und I-Syndicate genannt.

Im Gegensatz zu Nachrichtenagenturen (tagesaktuelle Agenturmeldungen) oder Zeitschriftenverlagen (schnell produzierte Zeitschriftenartikeln) ist es den Verlagen möglich, durch den hohen Redaktionsaufwand und die Qualität der Autoren und Printprodukte Inhalte mit hoher Halbwertszeit, so genannten Evergreen Content, anzubieten. Kommerzielle Dienste-Betreiber sind bereit, für exklusive und spezialisierte Inhalte mit einem „Need to know"-Charakter zu bezahlen. Vor allem Fach- und Ratgeberverlage besitzen mit ihren Verlagsrechten einen nahezu unerschöpflichen Fundus an Content, der passend formatiert - kommerzielle Dienste über lange Zeiträume mit Content versorgen kann und für zahlreiche Verwerter von langfristigem Interesse ist. Das Rechtebündel für Online-Verwertungen der Verlage (so sie es denn besitzen) stellt deren größtes Asset dar. Gerade für diese Unternehmensbereiche sind ensprechende CMS, die die technische Bereitstellung des Contents ermöglichen, von besonderem Interesse.

Derzeit befindet sich der Syndicationsmarkt im Aufbau, so dass sich noch keine standardisierten Preis-Modelle herausgebildet haben. Schwierigkeiten bereitet die Preisfestlegung für Content, da die Grenzkosten der Mehrfachverwertung quasi gegen Null gehen und so kein traditioneller Rahmen von Aufwand/Ertrag vorliegt. Auch verfügen Content-Anbieter bislang über geringe Markterfahrung und tun sich daher schwer, Standardpreise festzulegen. Auf der anderen Seite können nur wenige Content-Verwerter ein dezidiertes Content-Budget vorweisen, das Planungssicherheit vermitteln würde. Hohe Transaktionskosten bei der Content-Bereitstellung sowie die geringe Markttransparenz bedingen das Fehlen von allgemein akzeptierten Marktpreisen.

Weiterhin sind eine Anpassung der Preise an spezielle Vertragsbestimmungen (z. B. mit/ohne Markenauftritt) bzw. die Einräumung von Rabatten bei Abnahme mehrerer Content-Objekte möglich. Die Anbieter entscheiden über die Bereitstellung, Verkaufspreise, Kundenausschluss u. v. m. Bei Heranziehung eines Brokers sind bei allem Geschäftserfolg die Margen gering, da 30 – 70 % des Erlöses beim Broker bleiben.

Ausschlaggebend bei der Preisbildung ist jedoch die individuelle Content-Strategie: Die Anbieter lassen sich abhängig von der Marktstellung und Markenstärke (Top Brand vs. „No Brands") und der Einzigartigkeit ihrer Inhalte („Commoditized" vs. „Specialized") in drei Klassen differenzieren:

- *Silent Partner*: „No brand", geringe Markenstärke, basaler Inhalt; Business-Modell: Content gegen Cash.

- *Traffic Seeker:* Markenstärke und Inhaltequalität im Mittelfeld, Business-Modell beruht auf Verbreitung der Inhalte auf Seiten mit "starker Marke".
- *Franchise Holder:* („Top brand", große Markenstärke, spezialisierter Inhalt; Business-Modell: Content gegen Traffic und/oder Cash).

Während sowohl die Top- als auch die No-Brands primär cashmotiviert sind, spielen kurzfristige Lizenzerlöse bei Traffic Seekern nur eine untergeordnete Rolle. Premiumverlage gehören in den meisten Fällen zu den Franchise-Holdern, die ihre spezialisierten Inhalte gegen Cash vermitteln und darüber hinaus eine möglichst weite Verbreitung ihrer Marke anstreben, um Synergieffekte mit dem Buchgeschäft zu erzielen. Aber auch Verlage mit geringer Markenstärke und interessantem Content können als Silent Partner im Syndikationsgeschäft erfolgreich sein.

Technisch gesehen erfolgt die Anbindung des Infobrokers an Content- und Dienste-Provider mit den Standards XML und Java. Für den Datenaustausch zwischen den Providern bildet ein Information-and-Content-Exchange-Protokoll (ICE) die Grundlage zur Zusammenarbeit. Das bidirektionale Protokoll versendet zur Übertragungssteuerung XML-basierte Nachrichten zwischen den beteiligten Systemen. ICE ist formatunabhängig, d. h., es können Texte, Bilder oder XML-Daten übertragen werden.

Allerdings werfen die gängigen Content-Verwertungs-Systeme die Frage der Urheberrechte auf. Wenn man sich vergegenwärtigt, dass sich Urheberrechte bis auf die Nutzung des entsprechenden Contents erstrecken können, der Infobroker jedoch den Content lediglich weiterleitet ohne über die eigentliche Content-Nutzung beim Kunden informiert zu sein, wird deutlich, dass hier noch eine eindeutige Klärung der Positionen von Anbieter, Makler und Nutzer aussteht, die das Syndicator-Modell modifizieren könnte.

Grundsätzlich betrachtet scheint die Mehrfach-Verwertung von Informationen in automatisierter Form das Paradebeispiel von CMS zu sein. Nichtsdestotrotz ist dieses Geschäftsmodell einer ständigen Dynamik unterworfen, die abschließend noch kurz beleuchtet werden soll:

Während der Infobroker, um ständig syndikalisiert neuen Content zur Verfügung zu haben, kontinuierlich neue Zugangswege zu Informationen aufbauen muss, bringt die durch ihn in Gang gesetzte Vielfachverteilung des Contents über verschiedenste Medien dem Endanwender letztendlich keinen Nutzen mehr. Das

Überangebot des Contents resultiert in einen Wertverfall des Contents. Parallel dazu wird sich der Endanwender schließlich für ein Medium über das er an den Content gelangt, entscheiden. Dies führt letztendlich dazu, dass die Medienzugangswege des Infobrokers wiederum modifiziert werden müssen, was eine ständige Änderung der Beziehungen des Infobrokers zu Dienste-Providern und Endanwendern bewirkt. Je nach Lage des Geschäfts wird unterschiedlicher Gewinn aus der Content-Verbreitung über diverse Kanäle gezogen – das Geschäftsmodell des Infobrokers ist ständig in Bewegung.

Der Trend auf dem Contentmarkt entwickelt sich in letzter Zeit weg von Allerweltsinformationen hin zu speziell auf die jeweiligen Kundenbedürfnisse angepasstem „custom made content", der bedarfsgerecht angefertigt wird. Dieser Umstand treibt die Kosten bei den Anbietern weiter nach oben, da nicht mehr auf die vorhandenen Module zurückgegriffen werden kann. Eine solche Maßfertigung kann auch ein externer Syndizierer auf lange Sicht nicht leisten.

2.2.3 Unternehmensinformation

Informationsaustausch findet in den heutigen Unternehmen in vielfältiger elektronischer Form, sei es via Intranet, Extranet oder Internet, statt. Der Vorteil der elektronischen Informationsvermittlung liegt darin, dass entgegen herkömmlicher Medien nicht nur die Inhalte dargestellt werden, sondern zunehmend auch entsprechende vor- und nachgelagerte Prozesse verarbeitet werden können. Web-Technologien sind inzwischen häufig weitläufig in die Wertschöpfungskette eines Unternehmens mit eingebunden.

Der in einem Unternehmen „anfallende“ Content ist vielfältig. Neben klassischen Informationsprodukten wie Bedienungsanleitungen, Produktbroschüren, Katalogen oder Entwicklungsunterlagen, die häufig auch in Printform publiziert werden, muss ein Unternehmen heute eine Reihe zusätzlicher Informationen unterschiedlicher Aktualität und Lebensdauer wie z. B. Informationen für Investoren (nline-Aktienkurse oder Geschäftsberichte) bereitstellen.

Als eine generelle Übersicht der Inhalte, die in ein Unternehmen „eintreten“ bzw. es – in evtl. modifizierter Form – wieder „verlassen“, kann folgende Differenzierung gelten:

- Kunden – Kontakte – Customer Relationship Management: Hierzu gehören Marketing, Kundenkontakte, Account Management, Business Plan, Aktionäre der Plattform.
- Consulting und Projekt-Management: Zu dieser Gruppe gehören technische Beratung, Projektmanagement, Training, Zulieferer-Kontakte, Verträge.
- Lösung – Entwicklung – Development: Diese Gruppe beinhaltet Lösungsentwicklung, Komponenten-Verzeichnisse, Tests, Qualitätssicherung, Daten-Bank-Design und Tuning.
- Operating und Infrastruktur-Management: Hierunter sind Infrastruktur-Planung, Monitoring, Betreiber-Kontakte, Integration von IV-Systemen, Anwender-Hotlines und Unterstützung (Support) zu verstehen.

Bei Betrachtung der obigen Liste wird offensichtlich, dass Content im Unternehmen sowohl für eine interne als auch für eine externe Publikation bestimmt sein kann. Externe Publikation kann im B2B, B2C oder C2C-Verhältnis erfolgen. Weiterhin fällt auf, dass sich Unternehmens-Content auf einer Organisationsebene oder auf einer Produkt- und Serviceebene bewegen kann.

Beispiele für Content auf Organisationsebene sind:

- Intern: Mitarbeiterzeitung, Interne Stellenangebote, Qualifizierungs und Trainings-programme, Antragsformulare, Essenspläne der Kantine, ...
- Extern B2B: Partner-Informationen, Investoren-Informationen, ...
- Extern B2C: Pressematerial, Veröffentlichungen, Unternehmens-News(letter) Stellenangebote...
- Extern C2C: „Aushänge" (Schwarzes Brett), Kleinanzeigen, Chat ...

Beispiele für Content auf Produkt- und Serviceebene sind:

- Intern: Wissensarchiv-Inhalte, Arbeits- und Projektpläne, Markt- und Produktstudien, Entwicklungsunterlagen,...
- Extern B2B: Ausschreibungen, Schulungsunterlagen, Produktinfos und –kataloge, Wartungsunterlagen,...
- Extern B2C: News, FAQs, White Papers, Produkt- und Servicekataloge/-infos, Bedienungsanleitungen,...
- Extern C2C: Forumsbeiträge, Kleinanzeigen , ...

Wie schon aus den oben aufgeführten Beispielen ersichtlich, erfolgt im Unternehmen die Erzeugung, Verwaltung und Verteilung von unterschiedlichsten Informationen an vielen verschiedenen Stellen. Bildlich gesehen, besteht ein virtueller „Unternehmensverlag", an dem sowohl interne als auch externe Autoren beteiligt sind. Die Organisation dieses „Unternehmensverlags" ist üblicherweise über Jahre gewachsen und – da der Unternehmensverlag vielfältige Produkte für unterschiedliche Zielgruppen produziert – eher unstrukturiert.

Basierend auf der Vorstellung des virtuellen „Unternehmensverlags" kann zur Effizienzsteigerung bei der Unternehmensinformation ein CMS eingesetzt werden. Grundlegend für diese Form des Informationsaustauschs ist normalerweise ein Dokument in elektronischer Form, das sowohl statische als auch dynamische Komponenten enthalten kann. Dazu gehören z. B. Text, Grafiken und Fotos (statisch) oder z. B. Videos und Sounds (dynamisch). Wie bei jeglichem Einsatz von CMS ist auch hier die Trennung von Inhalt, Layout und Struktur für die effiziente Verwaltung und (Wieder-)Verwertung der Dokumente essentiell.

Als Dokumente, die mittels eines CMS im „Unternehmensverlag" verwaltet und modifiziert werden, eignen sich insbesondere solche, die strukturell gleichartig sind und einer Dokumentenklasse angehören. Ein einfaches Beispiel hierfür wären die unterschiedlichen Produktkataloge eines Maschinenherstellers. Von diesen Dokumenten wird eine Schablone, ein so genanntes Template, hergestellt. Die Dokumentenschablone und das festgelegte Design werden sich im Folgenden wenig ändern, wohl aber die Inhalte, die entsprechend der Bestimmung für die jeweiligen Leser dynamisch sind. Um beim Beispiel des Maschinenherstellers zu bleiben: Zur allgemeinen Produktinformation werden dem Kunden keine Preisebekannt gegeben bekanntgegeben. Bei einer spezifischen Anfrage dagegen ist die Preisangabe unablässig. Wird nach erteiltem Auftrag aus der Kataloggliederung heraus der Werksauftrag erarbeitet, müssen die Preise auf jeden Fall heraus genommen werden, technische Einzelheiten zur Ausführung dagegen konstruktionsbezogen spezifiziert werden. Das Template muss nun entsprechend den verschiedenen Nutzerebenen gestaltet werden.

Weiterhin ist bei der Gestaltung des Templates zu beachten, dass sich einige Inhalte sehr schnell ändern können, (z. B. die Preise unseres Maschinenherstellers), während sich andere Informationen wenig oder überhaupt nicht ändern (z. B. der Modulaufbau unserer unterschiedlichen Maschinen).

Last not least müssen sprachliche Komponenten als auch medienspezifische Format- und Qualitätsunterschiede berücksichtigt werden.

Das beim Einsatz von CMS für die Unternehmensinformation generierte Dokument ist demnach ein ***dynamisches Dokument***, dessen Charakteristika sich darstellen in den Punkten:

- ***Personalisierung:*** Sichtenbildung nach unterschiedlichen Rollen und Rechten
- ***Versionierung:*** Dynamische Änderung von Inhalten und Verknüpfungen
- ***Varianten:*** Unterschiedliche Ausprägungen, z. B. nach Qualität, Kulturkreis oder Sprache
- ***Terminierung:*** Laufzeit und Verfügbarkeit für z B. Publikation, Löschung oder Weiterverwertung

Bei der von CMS unterstützten Unternehmensinformation wird unterschieden in die Rolle des ***Autors***, des ***Benutzers*** und des ***Administrators***. Der Autor, zu vergleichen mit dem Content-Provider bei anderen Einsatzgebieten des CMS, übernimmt die Aufgaben der Content-Generierung, Content-Transformation (Übersetzung, Konvertierung) und der Editierung (Medien, Strukturen, Form/Layout). Er ist mit einer Zugangsberechtigung (Login) ausgestattet, die es ihm ermöglicht, die erwähnten Aufgaben bei der Dokumentenerstellung und -modifizierung auszuführen. Gleichzeitig sind von ihm regelmäßige Verwaltungsarbeiten, wie z. B. die Überarbeitung von benutzerzugänglichen Bereichen auszuführen. Der Benutzer, also der Endanwender, ruft die Information ab. Er führt die Navigation durch und sucht sich, unterstützt durch entsprechende Links, Portale oder Suchmaschinen, den für ihn wichtigen Content. Je nach seiner Rolle im Unternehmen und seiner Zugriffsberechtigung (Login) erhält er den Content in entsprechendem Umfang. Die Rollenbegriffe Autor und Benutzer unterstreichen das bei der Unternehmensinformation häufig aufgeführte Bild des virtuellen Unternehmensverlags. Der Administrator verwaltet die Rechte und Rollen von Benutzern und Autoren, und vergibt diese gemäß ihrer Rollen im Unternehmen. Es wird deutlich, dass bei der Unternehmensinformation deutliche Überschneidungen zum Dokumentenmanagement existieren.

Folgende Prozesse sind für den Einsatz von CMS bei der Unternehmensinformation ausschlaggebend:

- Bildung von Dokumentenklassen entsprechend Struktur, Layout und Inhalt sowie Zielgruppen (z. B. Newsbereich, Foren, Katalogbereich, etc.)
- Erstellung von Strukturschablonen entsprechend der Dokumentenklassen mit Hilfe von Struktureditoren
- Erstellung der Formatierungs- und Formatvorlagen
- Ggf. Programmierung und Anpassung des CMS-Frontends zur Darstellung und Interpretation der Dokumentenklassen
- Neuerstellung: Öffnen einer Dokumentenklassenschablone in geeignetem Editor, falls Erlaubnis vorhanden. Befüllen der Schablone mit Medienassets, Anlegen von Referenzen (Links, DB-Verknüpfungen), Anreichern mit Metadaten
- Aktualisierung: Arbeitsversion des bestehenden Dokuments erzeugen, gleichzeitig Sperren des Dokuments für andere User, Editieren der Inhalte.
- Einchecken (bei Aktualisierung mit Erhöhung der Versionsnummer), ggf. Anstoß eines Workflow-Prozesses
- Kontrolle und Freigabe des Dokuments
- Bei Bedarf Produktion statischer Instanzen kombinierter Einzeldokumente (Staging, Cross Media Publishing)
- Bereitstellung des/der Dokuments/Dokumente entsprechend Userrechten und persönlichen Sichten

Die obigen Prozesse werden durch das CMS unterstützt: Basierend auf einer Datenbank oder einem schnellen File-System werden den Usern abhängig von ihren Zugriffsrechten dynamisch Applikationen (z. B. Editoren, Suchmaschinen etc.) und Dokumente(nbestandteile) innerhalb eines Browsers auf dem Client-Rechner angezeigt. Über die bereitgestellten Anwendungen können Inhalte auch auf den Server zurückgespielt und Workflow-Prozesse wie z. B. ein Dokumentenexport angestoßen werden. In der Regel lässt sich auch das CMS über eine entsprechende Applikation administrieren. Zusätzliche Agenten wie z. B. „News-Robots" oder „Newsletter"-Versender ermöglichen ein individuelles Anpassen an den jeweiligen Informationsbedarf.

Es besteht die Möglichkeit zur Einbindung von Anwendungsservern, die beispielsweise Geldtransaktionen ermöglichen. Weitere

Applikationsbeispiele auf dieser Ebene sind die dynamische Anpassung des Webauftritts auf Grund von Online-Auswertungen des Userverhaltens oder das Aktivieren eines Agenten zur automatischen Beschaffung weiterer Informationen im Internet oder Intranet.

Technologisch werden CMS für Unternehmensinformation von den im Web verbreiteten Formaten, Protokollen, Programmen und Standards bestimmt. So basiert der Datenaustausch vorwiegend auf HTML und vereinzelt auf XML, sowie den entsprechenden Multimedia-Formaten. Unternehmensinformations-CMS stützen sich auf statische und dynamische Webserver-Technologien (PHP, ASP, CGI/Perl, proprietär) mit entsprechenden Schnittstellen zu weiterer Komponenten-Software.

2.2.4 Dokumentenmanagement

Ein Dokumentenmanagement-System (DMS) ermöglicht die Verwaltung von Dateien in Netzwerken. Diese Systeme sind dokumentorientiert, das heißt Zugriff, Verwaltung und Darstellung erfolgen auf Basis von Dokumentenmerkmalen.

Dokumentenmanagement ist von der Vorstellung des papierarmen Büros geleitet. Mit Hilfe von Dokumentenmanagement-Systemen (DMS) lassen sich Schriftstücke jeder Art elektronisch erfassen, speichern (Archivierung), wieder finden (Recherche, Retrieval), bearbeiten (Benutzungsrechte, Versionskontrolle), ausdrucken, wiederherstellen, versenden, etc.

Die gebräuchlichen DMS-Lösungen bieten folgende Funktionen:

- Publizieren, Sharen und Lesen von Dokumenten;
- Indexierung und Kategorisierung von Textdokumenten
- Retrieval auf Textdokumente
- Vergeben und Verwalten von Berechtigungen und Rollen für diese Funktionen;
- Bildung von Projekträumen und geschlossenen Gruppen.

Die Funktionen für

- Verwaltung von beliebigen Web-Assets;
- Basis-Template-Funktionen, Basis-Workflow und Suchfunktionalität

werden noch nicht in von allen Herstellern in vollem Umfang erfüllt.

Dokumentenmanagement bietet große Entwicklungspotentiale, wie z. B. „mobiles“ Dokumentenmanagement, Farbarchivierung und Übertragung von Farb-Dokumenten ins Internet.

So mussten Dokumente für Geschäftsreisen trotz zunehmender Digitalisierung bisher noch ausgedruckt im Reisegepäck mitgenommen werden. Wurde ein Dokument vergessen, konnte man es nur per Fax übermitteln. Die neuen Lösungen konnten dem nun Abhilfe schaffen: Mit einer Mobilfunk-Applikation wird ein farbiges Dokument im Archiv ausgewählt. Dieses Dokument, hoch komprimiert und in guter visueller Qualität abgespeichert, wird nun per E-Mail auf ein Notebook mit Funkmodem übertragen.

Das DMS verknüpft eng mit der Datenbank eine Kompressiontechnologie zur ressourcensparenden Datenhaltung von Dokumente. Die Hochleistungs-Kompression aus der Luft- und Raumfahrttechnologie ermöglicht die Übertragung von Farb-Dokumenten ins Internet: Farb-Dokumente weisen im digitalen Format umfangreiche Dateigrößen auf. Mit moderner Technologie lassen sich die Dokumente jedoch so komprimieren, dass sie bei exzellenter visueller Qualität und voller Lesbarkeit der Texte mit oft deutlich weniger als 100 KByte gespeichert werden können, also nicht einmal einem halben Prozent der ursprünglichen Dateigröße.

Die elektronische Verwaltung, Automatisierung und Aktualisierung von Dokumenten führt zu Qualitätsverbesserungen, Zeiteinsparung und Kostenreduzierung. Datenqualität, Performance, Benutzerfreundlichkeit sowie die Systemeffizienz und –zuverlässigkeit werden gesteigert.

Ziel der DMS ist es, Durchlaufzeiten zu verkürzen und eine Straffung der internen Abläufe durch den Verzicht auf Papier zu erreichen. Einige Hersteller bieten daher Schnittstellen zu Produkt-Management Systemen bzw. Engineering-Data-Management-Systemen.

DMS können für folgende Bereiche eingesetzt werden:

- Office-Management: Dokumentenmanagement ermöglicht es, Vorgänge, Aktivitäten, Projekte und Termine gemeinsam planen und von einer einheitlichen Bediener-Oberfläche aus bearbeiten. Es dient dem Datenbankabgleich, der Office-

Integration, Telefon- und E-Mail-Anbindung sowie der Vertriebssteuerung.

- Elektronische Archivierung: Mittels Dokumentenmanagement können Dokumente und Informationen zeitnah und revisionssicher archiviert und schnell wieder aufgefunden werden.
- Dokumenten-Verwaltung: Es können umfangreiche Dokumentationen in der Gruppe erstellt, korrigiert, aktualisiert, freigegeben und unternehmensweit verteilt werden. Das DMS übernimmt die Versionskontrolle.
- Workflow: Ein DMS ermöglicht es, häufig wiederkehrende, gleichförmige Arbeitsabläufe in strukturierten EDV-Prozessen abzubilden und nach definierten Vorgaben automatisch zu bearbeiten.
- Print Output Management: Der Ausstoß an Drucken wird minimiert, die Kosten reduziert, das Ergebnis optimiert.

Letztendlich dient ein Dokumentenmanagement-System gleichzeitig dem Wissens-Management, nämlich aus im Unternehmen vorhandenen und extern verfügbaren Informationen Wissen zu schöpfen und zur Verfügung zu stellen.

2.2.5 Informationspool

Den Informationspool kann man sich bildlich als eine große Bibliothek vorstellen, bei der sich hinter der großen Menge an Büchern zu verschiedenen Themengebieten weitere differenzierte Funktionalitäten, wie beispielsweise ein Schlagwortlexikon oder Ausleihmodalitäten, verbergen.

Das Interesse an digitaler Information wächst. Gedruckte Werke werden retrospektiv elektronisch erfasst, für neu entstehende und aktuelle Publikationen wird vielfach die elektronische Publikationsform von vornherein ins Auge gefasst. Das Schlagwort 'Digitale Bibliothek' oder 'Digital Library' gibt dem Bestreben Ausdruck, einerseits das kulturelle Gedächtnis elektronisch zu unterstützen und andererseits aktuelle wissenschaftliche Erkenntnis schneller an die Lesenden zu bringen.

Es lassen sich grob die folgenden vier Anwendungsgebiete skizzieren:

- Bibliothek: Recherchierbares elektronisches Dokument- oder Textarchiv; digitalisierte Bibliothekskataloge.

- Wissenschaft und öffentliche Bibliothek: Virtueller Aufenthaltsraum für die (meist wissenschaftliche) Kommunikation mit Betonung auf interaktiven Objekten und Multimedia-Anwendungen.
- Universität: Im wissenschaftlich-universitären Bereich dominieren die Projekte *Dissertations Online*, so dass in einigen Projekten nahezu eine synonyme Verwendung der Begriffe konstatiert werden kann. Dies gilt besonders für Projekte in Deutschland, wo momentan die Diskussion um die Möglichkeit der elektronischen Publikation von Dissertationen entstanden ist.
- Firmenkommunikation und -dokumentation: Zusammenfassung von technischen Werkzeugen, die die Speicherung und Bereitstellung von digitalisierter Information unterstützen.

Folgende Elemente charakterisieren den Informationspool:

- Benutzergruppenkonzept: Der Zugriff auf die Informationen ist entsprechend den Aufgaben/Rollen der jeweiligen Mitarbeiter bzw. Partner beschränkt. Es werden verschiedene Benutzergruppen definiert.
- Autorenzugriffskonzept: Es herrschen (im Gegensatz zum Infobroker) viele unternehmensinterne Autoren vor, sogenannte Ur-Content-Provider; Fremd-Provider sind weniger vertreten. Die internen Autoren haben Zugriff auf alle Datenbanken des Unternehmens und können damit auch Informationen und Dokumente anderer Mitarbeiter nutzen. Auf diese Weise kann der Workflow schlank gehalten werden.
- Dokumentenpflegekonzept: Mit dem Wegfall von Autorisierungsrestriktionen in der Dokumentenpflege werden die Dokumente von den Mitarbeitern, die über das entsprechende Know-how verfügen, gepflegt. Parallel dazu erfolgt die Sicherung von Inhalt und Aktualiät durch die Fachbereichskoordination.

Aus technischer Sicht könnte die Verbindung eines Informationspools mit CMS folgendermaßen aussehen: In einem ersten Schritt erfolgt das Rollout des CMS durch die Informatik. Navigationskonzept und Framelayout werden durch einheitlich definierte Richtlinien realisiert und parallel dazu Layout sowie Styleguide umgesetzt. Die Intranet-Auftritte werden zuerst migriert; Internet-Präsenzen folgen nur bei Bedarf. Der Content eines Web-Auftrittes wird auf mehrere Datenbanken verteilt und die

Intranet-Server werden in eine allgemeine, konzernweite Notes-Domäne integriert. Mittels Browser oder Notes-Client besteht die Möglichkeit, innerhalb des Benutzergruppenkonzepts auf den Informationspool im Intranet des Unternehmens zuzugreifen.

Die Notwendigkeit der Effizienzsteigerung in den Bereichen Dienstleistungserbringung, Produktion und Vertrieb stellt den Ausgangspunkt für ein Grundgedanken des Informationspools dar. Um dem allgegenwärtigen Ruf nach erhöhter Flexibilität gerecht zu werden, benötigen Mitarbeiter vor allem mehr Informationen. Diese werden vom Informationspool zur Verfügung gestellt, wobei hier unbestreitbar ist, dass Überschneidungen mit den Einsatzgebieten Wissensmanagement und Unternehmensinformation auftreten.

2.2.6 Wissensmanagement

Wissen ist Macht. Wissen weiterzugeben, auch unaufgefordert, ist nicht jedermanns Sache, denn man verliert einen gewissen „Vorsprung" vor anderen Mitarbeitern. Allerdings: Wenn innerhalb eines Unternehmens das Wissen nicht denjenigen, die es benötigen, zugänglich gemacht wird, bleiben wichtige Informationen ungenutzt; das vorhandene Wissen, das gerade bei spezialisierten Unternehmen einen beträchtlichen inneren Wert darstellt, geht verloren.

Diese Tatsache bestimmt auch in großem Maße ein Unternehmen und seinen Erfolg. Resultierend aus der Notwendigkeit, Kommunikation zwischen Mitarbeitern, Partnern und Händlern zu verbessern, Fachwissen einzelner Mitarbeiter auch für Nachfolger zu sichern und aus der täglichen Menge unstrukturierter Informationen verwertbares Wissen zu generieren und effektiv bereitzustellen, kommt das Wissensmanagement zur Anwendung.

Per Definition befasst sich ein gezieltes Wissensmanagement mit der eindeutigen Identifikation, der effektiven Erschließung, der Strukturierung, der Verfügbarkeit und dem verlustfreien Transfer von Wissen. Es trägt dazu bei, Geschäftsprozesse zu vereinfachen, zu verbessern und zu beschleunigen. Dabei handelt es sich um das gesamte Management des Wissens einer Organisation und bezieht sich auf das gesamte Unternehmen. Hier muss grundlegend klargestellt werden: Wissen im eigentlichen Sinne hat mit Denken zu tun, und das ist nicht automatisierbar. Daher kann Wissensmanagement nur dann seine Aufgabe als Tool (die wortwörtliche Übersetzung „Werkzeug" ist in diesem Fall genau richtig) erfüllen, wenn dem Tool ein geschickter Manager gegenübersteht, der mit Menschen umgehen kann. Um Wissensmanagement erfolgreich einsetzen zu können, muss den Mitarbeitern die Bedeutung und der Wert des Wissensaustauschs und der Dokumentation von Know-how und Wissen vermittelt werden.

Wissensmanagement stellt Anwender und Geschäftsprozesse in den Mittelpunkt. Ziel ist es, eine einheitliche Datenstruktur zu schaffen. Dabei ist davon auszugehen, dass Unternehmensdaten strukturiert sein müssen, so dass alle internen Daten über eine zentrale Wissensdatenbank verfügbar sind und ein schneller Zugriff garantiert ist. Allerdings muss sichergestellt sein, dass wichtige Informationen keinesfalls außerhalb des Betriebs gelangen dürfen, andererseits auf jeden Fall allen Mitarbeitern in einem Umfang entsprechend dem Rollenkonzept für ihre Geschäftstätigkeit zugänglich gemacht werden. Dieser firmeninterne Informationsaustausch lässt sich gut via Intranet abwickeln und stellt die Grundlage für den effizienten Einsatz des Wissensmanagements dar. Durch Erzeugung einer einheitlichen und allen Mitarbeitern zugänglichen Datenbasis werden Qualität und Aktualität der vorliegenden Daten erhöht. Dabei sollten neben den eigentlichen „Geschäftsdaten" auch beispielsweise Artikel, Sachbeiträge, Ideen, Diskussionen, Konzepte, Feedback, Dokumente, Notizen und Charts in der zentralen Datenbank enthalten sein. Durch die mit dem Wissensmanagement verbundene Steigerung der internen Kommunikation wird es dem Unternehmen ermöglicht, zeitnah auf Marktentwicklungen zu reagieren.

Wichtige Elemente für den erfolgreichen Einsatz von Wissensmanagement sind:

- Information Retrieval / Recherche-Werkzeug zum schnellen Finden der relevanten Information.
- Kompetenz-Identifizierung (transparente Sicht auf die Kompetenzen, Erfahrungen und Tätigkeiten der Mitarbeiter)
- Aufbau eines Wissensnetzwerks, um transparent zu machen, wer welches Wissen hat und wann etwas schon einmal getan wurde.
- Organisierung, Vermittlung und Sicherung von unternehmensrelevantem Wissen und Informationen. (z. B. Pflege eines Begriffslexikons zu bestimmten Themenbereichen, Push-Technologie zur Benutzerinformation bezüglich relevanter Informationsänderung)

- Bau von intelligenten Portalen, die es mittels selektivem Zugriff den Abteilungen und Mitarbeitern ermöglichen, Zugang zu genau den Informationen zu erhalten, die für die jeweilige Geschäftstätigkeit benötigt werden.
- Automatisches Liefern von Content (v.a. News) für Online-Plattformen.
- Statistische Auswertungsmöglichkeiten, die zur Erkennung von Wissensdefiziten in der Belegschaft führen, die durch gezielte Schulung und Information behoben werden können.
- Einbeziehung von Metadaten und Attributen, die es ermöglichen, Dokumente zu kategorisieren und um Zusatzinformationen zu bereichern, um daraus neues Wissen zu generieren.
- Publikationsmöglichkeiten für Mitarbeiter zur Aktualisierung von Inhalten. (Da der meiste Content aus klassischen Dokumenten im Word-, Excel-, PowerPoint- oder PDF-Format besteht, entweder direkt aus den entsprechenden Anwenderprogrammen oder via MS-Explorer.) Kopplung mit speziellen Freigabeprozessen oder speziell geschulten Administratoren, die Informations-Wildwuchs verhindern.

Als unterstützende Tools des Wissensmanagements sind Dokumentenmanagement-Systeme, Web-Content-Management-Systeme, Portalsysteme sowie Mindmap-Tools zu nennen.

Mit dem Ziel, aus Content Wissen zu entwickeln, bietet sich neben dem firmeninternen Wissensmanagement via Intranet auch die Kommunikation mit interessierten Partnern, die an ähnlichen Themengebieten arbeiten, an. Diese Möglichkeit zum interaktiven Austausch von Informationen bieten Wissens-Communities. Details zu Communities werden unter dem Punkt Communities erläutert.

2.2.7 Training

Als erste Assoziation zum Begriff „Training“ kommt dem Leser wahrscheinlich das Fußballfeld in den Sinn. Diese Vorstellung ist, so banal sie klingen mag, im Grunde genommen zutreffend: Training, sowohl im Unternehmen als auch in Form von Telelearning, dient vorrangig dazu, die Kenntnisse in einem bestimmten Wissensgebiet zu vertiefen bzw. neue Kenntnisse zu erwerben. Training im Unternehmen wird häufig aus dem Grund, sich seine „eigenen“, auf die spezifischen Aufgaben des

Unternehmens trainierten Experten heranzubilden, angeboten. Nachdem erwiesen wurde, dass sich die Intensität, mit der ein Unternehmen die Weiter- und Fortbildung seiner Mitarbeiter betreibt, positiv auf Unternehmenserfolg und –umsatz auswirkt, gewinnt der Bereich Training auch für Unternehmen an stärkerer Bedeutung: Mit dem Einsatz von E-Learning-Systemen bietet sich die Möglichkeit, elektronische Weiterbildungsaktivitäten arbeitsplatznah und kostengünstig zu realisieren.

Speziell von unternehmerischer Seite her gesehen, erfüllt elektronisch unterstütztes Lernen alle Forderungen an eine zukunftssichernde Mitarbeiterbildung:

- Es ist unabhängig von Ort und Zeit für alle Mitarbeiter verfügbar.
- Es ermöglicht „training on the job" während der normalen Arbeit.
- Es ermöglicht eine bessere Individualisierung der Lerninhalte.
- Es wirkt sich positiv auf die Zusammensetzung und Effizienz von Lerngruppen aus, da die Voraussetzungen für Präsenzveranstaltungen individuell vorbereitet und geprüft werden können.
- Es ermöglicht den Wissenstransfer innerhalb eines Unternehmens.
- Es fügt sich nahtlos und flexibel in die Arbeitsprozesse ein.
- Es hebt die Grenze zwischen Lernen und Arbeiten auf.

Elektronische Trainings Systeme können über Intra- oder Extranets allen Mitarbeitern zur Verfügung gestellt werden. Gruppen und Einzelpersonen können die Lernabläufe selbst steuern und den Lernerfolg kontrollieren.

Training umfaßt ein vielfältiges Begriffsspektrum. So fallen unter den Begriff Training die Bereiche Bildung, Weiterbildung und auch Berufsbildung. Training ist ein Bestandteil von Online-Dienstleistungen. Häufig wird statt Training auch der Begriff Telelearning oder Web Based Training (WBT) verwendet. Dieses stellt ein anderes Medium zur Bildung, also zur Umwandlung von Content zu Wissen, dar als herkömmliche Methoden. Die Vermittlung von Inhalten erfolgt hier telematisch. Es ist nicht mehr nötig, dass sich Lernender und Lehrer zur selben Zeit am selben Ort befinden. Räumliche und zeitliche Distanz werden durch virtuelle Räume überbrückt. Neben dem beim herkömmlichen Lernen üblichen eher einseitigen Austausch von Informationen (Lehrer an Lernenden), existieren beim Training die Elemente Kommunikation und Kooperation in unterschiedlichen Abstufungen zum Zwecke des Lernens – entweder zeitgleich oder zeitversetzt.

Beim Telelearning sind verschiedene Formen zu unterscheiden:

- Lernen durch ein geschlossenes Lernsystem: Diese Form des Lernens kennzeichnet sich durch ein geschlossenes Lernsystem und fixiertes Lernmaterial aus. Ein Dozent, der die Aufgaben eines Tutors wahrnimmt, stellt das Bindeglied zum Lernsystem dar. Er erklärt das Lernsystem und hilft bei Schwierigkeiten mit dem Lernsystem. In den Lernprozess greift der Dozent jedoch nicht ein; das Lernen findet zwischen Lernsystem und Lernenden statt. Jeder Lernende arbeitet für sich selbstständig und individuell Aufgabenpakete durch. Diese Aufgabenpakete können teilweise auf dem Systemrechner und teilweise auf dem Rechner des Lernenden liegen. Das System gibt auf die Antworten des Lernenden ein standardisiertes Feedback. Entweder wird das System direkt durch einen Dozenten ergänzt, oder aber es ist dafür eine programmierte Instruktion als Hilfestellung vorgesehen. Diese Lernform ist charakteristisch für Computer Based Training (CBT) und von Web Based Training (WBT). Wie unten beschrieben wird, kann bei dieser Trainingsform CMS optimal eingesetzt werden.
- Lernen durch lernerbezogene Informationsvermittlung und Interaktion: Diese Form der Instruktion ist am besten durch das Konzept des frontal ausgerichteten Unterrichts zu erklären. Lehrer und Lernender sind aktive Teile des Lernsystems. Der Dozent vergibt alle Rechte, alle Interaktionen werden von ihm gesteuert. Gegenüber der o. g. Form des Lernens durch ein geschlossenes Lernsystem werden hier die multicodalen technischen Möglichkeiten vermehrt genutzt. Der Lernende muss weiterhin die Aufgaben selbstständig und allein bearbeiten. Da er jedoch ein Feedback der anderen Teilnehmer auf seine präsentierten Beiträge erhält, gibt es für ihn ein zusätzliches Korrektiv. Allerdings werden die Beiträge immer durch den Dozenten präsentiert. Die Teilnehmer können durch die Inhalte mehr von einander erfahren und bleiben nicht anonym. Meist erfolgt auch eine Zunahme der Kommunikation, die auf den zusätzlich offerierten Kommu-

nikationsmöglichkeiten (Bildübermittlung, Sychronizität zwischen Teilnehmer und Dozent) basiert. Beispiel für diese Form des Lernens ist der virtuelle Klassenraum: Die Lernumgebung ist charakterisiert durch dozentenzentrierte Kontrollfunktionen, wie z. B. durch die Verwaltung des Sprachrechtes, Verwaltung von Wortmeldungen oder durch den Dozenten einsetzbare Multiple-Choice-Tests (MC). Die Beteiligung der Lernenden ist charakterisiert durch die Verarbeitung des vorgegebenen Stoffes und eine Ergebnispräsentation in unterschiedlicher Form. Die Kommunikation und Betreuung findet über eine Mailingliste statt, die allen Teilnehmern die Möglichkeit gibt, sich einen Überblick über die Arbeitssituation und den Arbeitsstand der anderen Teilnehmer zu verschaffen.

- Lernen in Netzwerkumgebungen: Hier erfolgt die Partizipation der Teilnehmer durch prozessorientierte und kooperative Informationsverarbeitung in Kleingruppen (Interaktion in Netzwerkumgebungen). Durch eine gut ausgestattete Lernumgebung werden die Informations-, Kommunikations- und Kooperationsmöglichkeiten des Internets genutzt. Virtuelle Gruppen-Arbeitsräume (shared workspaces) wirken projektbegünstigend. Eine Teambildung wird durch Teilnehmerdatenbanken, lern- und kommunikationsunterstützende Verwaltungsfunktionen gefördert. Der konstruktive Ansatz des Lernens im Netzwerk setzt viel Engagement und Reflexionsvermögen bei allen Beteiligten voraus. Die Teams erarbeiten gemeinsam die problemorientierten Aufgabenstellungen. Zusätzlich können in synchroner Form Kommunikationselemente wie Audio- und Video-Conferencing durchgeführt und gemeinsam Dokumente hergestellt werden.
- Eine weiter gebräuchliche Form des Lernens ist das Versenden von Lehrbriefen oder Vorbereitungsaufgaben für Präsenzveranstaltungen per E-Mail. Eine Abarbeitung und Prüfung erfolgt dann je nach Komplexität entweder webbasiert per MC-Test oder Simulation oder aber ebenfalls per E-Mail. In modernen webbasierten Lernumgebungen sind diese Funktionalitäten bereits in die Kursverwaltung integriert, so das z. B. Anmeldungen für Weiterbildungsveranstaltungen erst angenommen werden, wenn bestimmte Prüfungen online absolviert worden sind. Die Teilnahme an bestimmten Fortbildungspaketen ist wiederum Voraussetzung für die Aufnahme in entsprechende Personalentwicklungsprogram-

me, sowie das Job-Enrichment und Job-Enlargement. Moderne Lernumgebungen bilden gleichzeitig ein feinstufiges und transparentes Personalentwicklungskonzept ab.

Zusammenfassend kann zu allen vier Lernformen gesagt werden, dass die Voraussetzung für diese Art des Lernens eine hohe eigene Lernmotivation und Selbstdisziplin ist.

Die Systemkomponenten für CMS-Trainings-Systeme basieren auf einheitlicher Internet-Technologie und sind vollständig browserfähig. Schulungsangebote können schnell und einfach aktualisiert werden, Lern-Module sind mehrfach für verschiedene Seminare verwendbar. Dozenten und Lernende können direkt Kontakt aufnehmen und Arbeitsgruppen unabhängig vom Standort bilden.

Beim Training sind mehrere Parteien beteiligt. Indem man sich ihre Aufgaben vergegenwärtigt, wird deutlich, wie CMS beim Telelearning von Nutzen sein kann:

- Der WBT/CBT-Entwickler, dessen Aufgabe in der technischen Umsetzung der Inhalte liegt. Er ist der „Programmierer“ in diesem System.
- Der Fachexperte, der Lehrinhalte zur Verfügung stellt und prüft sowie didaktische Konzepte erarbeitet.
- Der Trainer, der als Teil des Gesamtsystems die Inhalte in Präsenzveranstaltungen vermittelt.
- Die Personalverwaltung bzw. die Abteilungsleiter, die Mitarbeiter entsprechend ihrer Aufgaben auswählen oder ansprechen.
- Der WBT/CBT Nutzer, also der Lernende – der idealerweise selbst von den angebotenen Möglichkeiten in Absprache mit seinen Vorgesetzten / Teamkollegen Gebrauch macht.
- Ggf. ein externer Trainingsprovider, der Teil- oder Gesamtlösungen zur Verfügung stellt

Der Nutzer letztendlich profitiert vom CMS des Entwicklers und des Providers. Sein Wunsch nach einer möglichst optimalen Lernumgebung, d. h. optimal aufbereitete aktuelle Inhalte auf optimalen Medien zur richtigen Zeit am richtigen Ort, ist durch CMS problemlos realisierbar. Es wird ihm ermöglicht, ein auf seine Bedürfnisse zugeschnittenes Programm zu erhalten und seine Karrierechancen mit dem Training zu verbessern.

Der Trainingsprovider bietet in der Regel Web-Based-Training / Computer-Based-Training an, das über Netzwerke distribuiert wird. Hierbei sind für die administrative Seite seines Angebots mehrere Elemente, die optimal über ein CMS des Providers integriert werden können, erforderlich: Mit der Kursverwaltung muss ein Dialogsystem gekoppelt sein, über das das Training gebucht werden kann. Über ein Portal wird der Content beim WBT benutzerabhängig zur Verfügung gestellt und Rollen verwaltet. Ein Prüfungssystem beinhaltet Tests, Klausuren, Abschlussprüfungen und –zertifikate. Schließlich wird über ein Abrechnungssystem der Trainingsumfang in Rechnung gestellt.

Wird eine Lernumgebung im Intranet eines Unternehmens betrieben, ist zu überlegen, ob zusätzlich zu den o.g. Elementen noch Skill-Management, Recruting und Rollenverteilung in das System integriert werden können, um effektive Personalentwicklung und -management zu betreiben.

Der Entwickler fügt Unternehmensdaten oder Assets zu einem Lernsystem zusammen. Die Aktualität der Informationen wird durch ein Autorensystem gesichert, das optimalerweise dynamische Änderungen im Asset berücksichtigt. Die hier aufgeführten Elemente vereinfachen die Informationszusammenstellung in einer Weise, dass der Entwickler seinen Schwerpunkt auf die Erarbeitung des Lernsystems legen kann und sich weniger um technische Einzelheiten kümmern muss.

Entscheidend für den Erfolg seines Lernsystems ist neben der Hochwertigkeit seiner Informationen vor allem der richtige Lern- und Medien-Mix. Das heißt die richtige Planung und Kombination von Online-Medien, Präsenzveranstaltungen, Trainee-Programmen, Coaching und eine konsequente Integration in ein Personalentwicklungsprogramm.

Der Ansatzpunkt von CMS beim Training kann folgendermaßen verdeutlicht werden: Mittels CMS werden die Lerninhalte, Personal- und Unternehmensinformationen, Asset oder auch Daten von Fremd-Providern vereinheitlicht und verwaltet. Ein Schlagwortverzeichnis und eine Lexikothek ergänzen die zentrale Datenbank, um Inhalte schnell und zielsicher auffinden zu können.

Das Portal greift auf die unterschiedlichen Informationen zu, verknüpft sie und stellt Lern- und Entwicklungsumgebung bereit.

2.2.8 Portale

Portale kann man gemeinhin als „Einstiegspunkt" bezeichnen, die dazu dienen, sich zum gewünschten Content zu navigieren. Die Portale bieten auf der obersten Schicht die Benutzeroberfläche zum Endkunden. Dahinter liegt das CMS mit der Zugriffsverwaltung auf die Datenbank..

Die Strukturierung des Portals gibt dem Nutzer eine Orientierung. Als weiterführendes Kriterium kann als zweite Ebene die Personalisierbarkeit genannt werden, sprich der Zuschnitt des „Einstiegspunkts" auf die Bedürfnisse des Anwenders. Um den Bedürfnissen der Kunden besser entsprechen zu können, wird hinter den Portalen Customer Relation Management eingesetzt.

Wenn von Portalen gesprochen wird, sind häufig Web-Seiten gemeint, die, analog einer Suchmaschine, das Surfen im Internet erleichtern sollen. Jedoch spielen Portale auch unternehmensintern bei bestimmten Anwendungen, z. B. dem Wissensmanagement, eine große Rolle: ermöglichen sie doch die schnelle Filterung von Content entsprechend den Präferenzen des Anwenders.

Portale vereinigen heutzutage möglichst viele Informationen, Dienstleistungen und Services zu einem Themengebiet, um sowohl Firmen- als auch Privatkunden über einen klaren Einstiegspunkt geschickt zu weiteren Bereichen zu führen. Auf Grund der verstärkten Kundenwünsche werden die Portalseiten inzwischen personalisiert, d. h. der Anwender stellt seine Präferenzen ein, und bekommt dann ein nach seinen Wünschen dynamisch generiertes Angebot, z. B. im Internet eine Webseite, zur Ansicht. Portale bieten damit gegenüber speziellen Informationsangeboten große Vorteile; daher ersetzen viele Unternehmen ihre einzelnen Informationszugänge durch Portale.

Dem Besucher wird eine einfach zu überblickende, dennoch auf seine Interessensgebiete eingehende Startseite geboten, der zusätzlich noch weitere Inhalte, wie z. B. im Internet die Chats nach Kategorien, Pinnwände für Kleinanzeigen, Nachrichten aus Politik und Wirtschaft, Unterhaltung, Computer-News, Eigenwerbung, Links, Suchdienste sowie die Möglichkeit, eigene Homepages abzulegen und Shopping Bereiche zu besuchen, zugeordnet sind.

Mit den zusätzlichen „Lock"-Inhalten soll die Attraktivität des Portals gesteigert werden, um somit eine wirtschaftliche Bindung des Benutzers an das Portal zu erzeugen. Der Nutzer soll den

Einstieg in die Dienstleistung immer über das ihm vertraute Portal wählen. Vom Beispiel des Internets ausgehend, wäre es der Idealfall, wenn der Nutzer das Portal für seinen Browser einstellte.

Portale im Unternehmensbereich dienen dazu, den Mitarbeitern Zugang zu allen für ihren Arbeitsbereich wichtigen Informationen zu verschaffen. Die unstrukturierte Informationsflut eines Unternehmens kann durch Einrichtung einer auf den Mitarbeiter zugeschnittenen Portalseite dahingehend organisiert werden, dass der Mitarbeiter schnell und unkompliziert die für ihn relevanten Informationen verfügbar hat.

Die große Anforderungspalette der Portale erfordert umfangreiche technische Funktionalitäten. Dafür bieten sich besonders übergreifende Lösungen, so genannte Hyper-Portals, an. Hyper-Portals bieten Pakete mit Grundfunktionen, auf denen dann jeder Anwender mit individuellen Services und Adds-On aufsetzen kann. Dabei wird von einem 80-zu-20-Verhältnis ausgegangen, d. h. 80 % des Portals stellen Funktionen dar, die alle Anwender einer Branche wünschen, und 20 % stellen den auf den Anwender individuell zugeschnittenen Teil dar.

Portalsysteme bieten folgende Funktionen:

- Registrierung und Verwaltung von Usern und deren Profilen
- Personalisierung von vorhandenem Content
- Basisfunktionen für Authoring und Publishing
- Einbindung von diversen Web- und Legacy-Applikationen
- Tools für die Auswertung von Anwenderverhalten

Portale übenehmen weiterhin die Funktion des Data Mining, also dem Tracking von Kundenverhalten. So können einerseits die Kundendaten direkt im Portal verarbeitet werden, so dass ein verhaltensbasierter Dienst mit individuellem Content zusammenstellt wird. Weiterhin können die Kundendaten an externe Systeme für Statistik und Marketing weitergeleitet werden.

Von den Branchen Handel und Automobil wurden bereits zahlreiche Portale installiert. Dabei ist auffällig, dass teilweise immer die gleichen Schwierigkeiten auftreten: Häufig wird die Anbindung an das Backend nicht konsequent realisiert; Bestellungen können nur unzureichend oder gar nicht vorgenommen werden; die der Anwendung hinterlegten Datenbanken sind oft nicht ausreichend gepflegt. Allerdings liegt die Schlussfolgerung nahe, dass die steigende Zahl der Internetnutzer die Anbieter im Netz dazu veranlassen wird, ihre Dienstleistungen zu optimieren.

Vor allem bei der Branche Finanzdienstleistungen ist die Entwicklung der Portale besonders anschaulich: Was einmal mit Bildschirmtext (Btx) begann, ist heute mit Internet-Banking und Online-Broking bereits Standard. Die neuen Strukturen im Mobilfunk wie GPRS und in knapp zwei Jahren auch UMTS versprechen schon in diesem Jahr mobiles Internet-Banking via Handy und WAP-Browser.

2.2.9 Customer Interaction & Care

Customer Interaction & Care wird, um ein simples Bild voranzustellen, von der Sekretärin der Drei-Mann-Firma ausgeführt: Indem sie für den Anrufer in der Agenda des Chefs nachschaut, wann der Chef wieder im Büro sein wird oder wenn sie im Katalog den Preis und die Rabattstufe heraussucht, dem Kunden den Preis nennt und prüft, ob die Ware am Lager ist (und wenn möglich den Verkauf auch noch abschließt), dann handelt es sich um Customer Interaction & Care. Dazu ist keine großartige Infrastruktur nötig. Die Servicequalität stimmt wegen der Einstellung der Sekretärin und weil die für diesen "Business-Prozess" benötigten Daten innerhalb kürzester Zeit gefunden werden.

Mit einem Anruf bei einem größeren Unternehmen, wie z. B. einer Bank, Versicherung, Krankenkasse oder einem großen Lieferanten wird die Situation komplexer: Es existieren mehr Daten, mehr interne Mitarbeiter, die Kundenkontakt über die Bereiche Verkauf, Kundendienst, Buchhaltung und Schulung haben, sowie mehr Kunden. In diesem Umfeld kann nur mit entsprechender Telefon- und EDV-Infrastruktur die Servicequalität aufrecht erhalten werden.

Mit der Entwicklung von Call Centern zu Customer Care und Customer Interaction Centern bemüht man sich, dieser Situation Rechnung zu tragen. Dabei stehen durchgängige Prozessketten, Unterstützung im Wissensmanagement, selbstorganisierende Teams und Systeme sowie definierte Service Levels im Vordergrund.

Der Begriff *Customer Care Center* bezeichnet ein kundenorientiertes Call Center im Sinne einer umfassenden Informations- und Kommunikationstechnik-basierten Kundenschnittstelle, das die Fähigkeit hat, intelligente Gespräche sowohl im Inbound als auch im Outbound zu führen.

Ein *Customer Interaction System* ist ein IT-System, das die Kundendaten schnittstellenübergreifend erfasst und einen Dialog mit den Kunden ermöglicht. Insbesondere werden von dem Customer Interaction System die Bereiche Vertrieb, Marketing und Service und somit auch das Call Center erfasst.

"Customer Interaction and Care Center" gewinnen als strategisches Marketinginstrument eine wichtige Bedeutung. Sie versprechen höhere Kundenorientierung bei gleichzeitig höherer Effizienz in der Abwicklung zentraler Geschäftsprozesse wie Auftragsabwicklung, Marketing- oder Serviceprozesse. Beispielhafte Erfolgskriterien im Bereich Customer Interaction and Care sind Erreichbarkeit, Kundenorientierung, Kompetenz und Verbindlichkeit. Eine Schlüsselrolle für innovative Customer Care Center kommt dem intelligenten Einsatz moderner Informations- und Kommunikationstechnologie zur ganzheitlichen Unterstützung der Leistungserstellung zu.

Customer Interaction & Care ist als CMS insbesondere für die Unternehmen und E-Business-Firmen interessant, die das Internet als Vertriebskanal und Medium zur Kundeninformation nutzen. Beratungsleistungen werden auf elektronischer Basis bereitgestellt. Eine große Mehrheit von Kundenanfragen kann mit Hilfe sinnvoller Datenbankstrukturen und benutzerfreundlicher Abfragemechanismen bereits abschließend erledigt werden. Tiefer gehende und damit auch kostspieligere Direktberatungen zwischen Kundenberater und Kunde werden reduziert und auf wirklich komplexe Sachverhalte konzentriert. Denn bei Bedarf kann mittels einer "Call-me"- Funktion Kontakt mit einem Kundenberater aufgenommen werden

Kennzeichnend für Customer Interaction & Care ist es, dass Inhalte unabhängig von ihrer späteren Darstellung verwaltet werden, d.h. der Content wird vom Layout getrennt, um in unterschiedlichen Präsentationsformen wiederverwendet und gleichzeitig für die Ausgabe über verschiedene Endgeräte, wie z. B. Telefax, WAP-Handy etc. aufbereitet zu werden.

Ergänzend zum Content Management bei Customer Interaction & Care sind die Technologien *Personalisierung* und *Data-Mining* zu nennen, mit deren Hilfe dauerhafte Kundenbeziehungen (E-Relationships) im Web entwickelt werden können. Hierbei ermöglicht es die Personalisierungs-Technologie, einzelne Kunden bzw. Kundengruppen mit eigens für sie bestimmten Inhalten zu versorgen. Basis hierfür sind Profile, die aus Nutzerangaben, Kundendatenbänken oder Bestellsystemen zusammengestellt werden. Data-Mining dagegen ermöglicht die Analyse von Verhaltensmustern von Site-Besuchern, um eine optimierte Abstimmung des Inhalts auf die Kunden zu erzielen.

Es ist von entscheidender Wichtigkeit, zusätzliche Informationen über den Kunden zu erhalten, um den Kunden nicht mit Daten zu überfordern und ihn durch eine Analyse seiner Bedürfnisse in die Produktweiterentwicklung einzubinden.

Eine dauerhafte Kundenbindung wird sich nur erreichen lassen, wenn der Kunde mit in den Produktenwicklungsprozess eingeschlossen wird. Voraussetzungen hierfür sind ein funktionierendes Servicekonzept, Call Center und deren konsequente Integration in Data-Mining-Konzepte, Foren und die Möglichkeit, den Kunden in Interaktion mit Entwicklern treten zu lassen.

2.2.10 Customer Relationship Management

Wie die Bezeichnung Customer Relationship Management (CRM) bereits indiziert, steht bei diesem Einsatzbereich von CMS kundenzentriertes Arbeiten für alle am Kundenprozess beteiligten Partner im Vordergrund.

Charakteristisch für CRM ist es, dass die Mitarbeiter eines Unternehmens auf eine einheitliche und aktuelle Datengrundlage zugreifen können, unabhängig davon, über welche Kanäle (Telefon, Internet, Außendienst usw.) die Informationen ins Unternehmen gelangen. Mittels CRM werden die verschiedenen Kontaktkanäle integriert – man spricht in diesem Zusammenhang vom „Multi Channel Management". Dieses Multi Channel Management ist eine Voraussetzung dafür, dass CRM erfolgreich realisiert werden kann.

Auf einer zweiten Ebene erhalten alle am Kundenprozess beteiligten Partner je nach Aufgabe und Rolle spezielle Sichten auf die Daten. Voraussetzung hierfür ist, dass die Kundeninformation über arbeitsplatzbezogene Portale individuell und personalisiert zugänglich gemacht wird.

Dritter Eckstein von CRM ist die Zusammenarbeit aller am Prozess Beteiligten, also Mitarbeiter, Zulieferer und Kunden, im Netzwerk. Indem die herkömmliche Differenzierung von isolierten Systemen und verschiedenen Nutzern von Anwendungen vermieden wird, kann eine Wertschöpfung im Netzwerk erzielt werden. Dies setzt Software-Lösungen voraus, die den Geschäftsvorgang in jeder Phase in einer Vielzahl von Informationsverarbeitungs-Komponenten durchdringen.

Voraussetzung dafür, den Kunden jederzeit in Echtzeit und online Auskunft über die Verfügbarkeit eines Produkts, einer Leistung oder einer Ressource geben zu können, ist eine offene Systemarchitektur, die Marketing- und Vertriebsprozesse übergangslos mit dem Back-Office (Logistik, Warehouse und betrieblicher Ressourcenplanung) verknüpft. In diesem Zusammenhang spricht man beim CRM von einer „Available-To-Promise"-Funktionalität (ATP), die durch o. g. Prozessintegration ohne Systembrüche realisiert werden kann.

Wertschöpfungen können beim CRM auch durch die Analyse der Kundenbeziehungen erfolgen, die somit eine kontinuierliche Verbesserung der operativen Prozesse ermöglichen. Durch den Einsatz von „analytical CRM" wird ein „Closed Loop", also ein geschlossener, wertschöpfender Kreislauf erzeugt, der mittels Integration von analytischen Anwendungen und Data Warehouse Technologie Daten zur Optimierung von Marketing-Strategien, Planung von Absatzzahlen sowie Simulation von Geschäftsstrategien liefert. Weiterhin liefert „analytical CRM" Indikatoren zur effizienten Erzeugung von Kundenwerten und zum Aufbau von Kundenbeziehungen.

Abschließend ist noch ein Teilaspekt von CRM zu nennen: Das *„Collaborative CRM"* unterstützt Geschäftsabwicklungen, die im Netz vor allem über Marktplätze ablaufen. Die intensive Firmenzusammenarbeit im Internet, bei der Verkauf und Kauf als integrierte Internet-Prozesse angesehen werden, kennzeichnen das „Collaborative CRM".

Zusammenfassend können also als Voraussetzungen für die erfolgreiche Realisation von CRM ein internetorientierter Aufbau des Unternehmens, offene Systemarchitektur sowie umfassende Funktionalität und Prozessintegration genannt werden.

Als zweites Standbein des CRM, das Analytikern zufolge an Wichtigkeit in der Zukunft gewinnen wird, ist das ***Electronic-Customer-Relationship-Management*** (e-CRM) zu beachten. Es dient dazu, die bei Customer Interaction & Care beschriebene Anonymität aufzuheben und auch beim E-Commerce echte Kundenbeziehungen pflegen zu können. Indem die in einem E-Commerce-Angebot gekoppelte CRM-Software mit einem Response-Modul versehen wird, können sämtliche Kundenaktionen auf einer Web-Seite erfasst und weiterverarbeitet werden. Auf diese Weise entsteht die Möglichkeit, potentielle Kunden zu identifizieren, qualifizieren und durch ergänzende Maßnahmen zielstrebig zur Kaufentscheidung zu führen.

2.2.11 Kommerzielle Community

Communities stellen Interessengruppen (Communities of Interest) dar, die sich mit einer gemeinsamen Thematik befassen. Die Ziele und Zwecke einer Community können vielfältig und unterschiedlich sein. So existieren z. B. Communities, die dazu dienen, sich zu treffen, Informationen auszutauschen und Kontakte zu knüpfen, sich über bestimmte Produkte zu informieren oder sich über die Marktsituation eines bestimmten Herstellers zu informieren.

Man kann zwischen zwei kommerziellen Community-Arten unterscheiden: Neben Business-Communities, die dazu dienen, den Informationsaustausch zwischen Mitarbeitern und Partnerunternehmen effizienter zu gestalten und sich auf einer B2B-Ebene bewegen, existieren marktplatzorientierte Communities auf B2C-Ebene, die den Umsatz im E-Commerce-Geschäft anregen und steigern sowie dauerhafte Bindungen des Internet-Kunden an den E-Marktplatz herstellen sollen. Dies wird verständlich, wenn man bedenkt, dass die Akquirierungskosten für einen Neukunden dreimal höher sind als die Kosten für einen Stammkunden.

Der Einsatz von CMS bei Communities kann sich folgendermaßen darstellen: Alle Textdokumente, Chat- und Diskussionsinhalte werden in einer zentralen Datenbank gespeichert. Auf diese Weise können Anwender zu jedem Artikel eine Feedback-Funktion einrichten oder einen Chat-Dialog anhängen. Andere Nutzer erhalten so die Möglichkeit, zu dem Dokument Stellung zu nehmen. Community-Mitglieder sind zudem in der Lage, elektronische Schriftstücke nach ihrem Informationsgehalt zu bewerten. Auf diese Weise entsteht ein Ranking-System, das dem Ratsuchenden helfen soll, die nützlichsten Einträge ausfindig zu machen.

Für den Aufbau einer virtuellen Gemeinschaft benötigt man eine Software-Lösung, die sich schnell implementieren und anpassen lässt, flexibel, skalierbar und personalisierbar ist, sich einfach bedienen lässt und natürlich alle Informations- und Kommunikationswerkzeuge enthält, die zum Betrieb einer professionellen Kommunikationsplattform nötig sind.

Community-Systeme bieten folgende Funktionen:

- Community-Features wie Chat, Newsgroups, kollaborative Filter und E-Mail-Integration;
- Publikation von Beiträgen;
- Gruppenbereiche;
- Bildung von User-Communities,
- User-Registration

Interessant sind Lösungen nach dem Baukastenprinzip, die neben einem Basissystem über 30 verschiedene Module zur Verfügung stellen: von Kommunikationselementen wie Diskussionsforen und Konferenzräumen über Personalisierung und Groupware-Elemente bis hin zu Funktionen, die Beziehungen zwischen den Benutzern aktiv aufbauen und fördern. Je nach Einsatzbereich und Ziel werden die Bausteine individuell kombiniert. Mit dem Modul "Conferencing" beispielsweise lassen sich text-, audio- und videobasierte Konferenzen abhalten. Darüber hinaus wird Full-Service von der inhaltlichen Konzeption über die redaktionelle Betreuung bis hin zur technischen Projektleitung und Vermarktung geboten . Für Business-Communities gibt es andere Lösungen: Plattformunabhängig und auf XML-Funktionalität setzend können Kunden, Geschäftspartner und Händler Informationen und Feedback austauschen. Bereits bestehende EDV-Landschaften und E-Commerce-Systeme wie beispielsweise Online-Shop-Software können in das Community-System integriert werden.

Der entscheidende Erfolgsfaktor von Communities beruht auf den vielfältigen Interaktionsformen, wie z. B. Nachrichtenbrettern, Chats, Diskussionsforen oder Konferenzmodulen. Der Austausch mit anderen Besuchern bringt den Nutzer vom sporadischen Besuch zur Wiederkehr. Dem Betreiber ermöglichen Communities zudem eine zielgenaue Ansprache.

Als Beispiele für kommerzielle Communities sind zu nennen:

- Shop-Community
- Sales-Force-Community
- Produkt-Community
- Partner-Community
- Unternehmens-Coummunity

- Fachabteilungs-Community
- Channel-Community
- Wissens-Community

Nicht immer ist es möglich, die einzelnen Communities klar gegeneinander abzugrenzen. Häufig gibt es gemeinsame Teilbereiche mit anderen Business Communities.

Abschließend ist zu bemerken, dass die Architektur zum Aufbau einer Community extremen Schwankungen unterliegt. Grund hierfür sind die schwankenden Mitgliederzahlen, die größtenteils durch Mundpropaganda bestimmt werden. Auf Grund der geringen Bindung der Mitglieder an die Community besteht eine hohe Fluktuation. Daher ist es wichtig, dass die Plattform skalierbar ist und funktionale Module leicht erweiterbar sind. Allerdings ist hier zu berücksichtigen, dass die aus dem Feed-Back ihrer Mitglieder resultierende Reaktion der Community möglichst zu einer Akzeptanz der Mitglieder führen muss, da sich die Mitglieder ansonsten einer anderen Community anschließen, und sich die Anzahl der Mitglieder verringert. Demnach ist es generell fraglich, ob die angestrebte dauerhafte Bindung der kommerziellen Community-Mitglieder an den E-Marktplatz und die Unternehmen tatsächlich zu realisieren ist.

2.2.12 Application Service Providing

Das Geschäftsmodell Application Service Providing basiert auf der Idee, Kunden über einen vereinbarten Zeitraum Software-Lösungen über das Internet bereit zu stellen. Es ist im Prinzip ein Dienstleistungskonzept für das Bündeln von Diensten und Vermarktung dieser Dienstleistungsbündel an größere Nutzergruppen. Der Application Service Provider (ASP) betreibt als Geschäftspartner ein Rechenzentrum und ist verantwortlich für die IT-Infrastruktur. Dabei stehen hohe Verfügbarkeit und Performance der Applikationen sowie die Sicherheit der Kundendaten im Vordergrund. Die Bezahlung erfolgt in der Regel nach einem Mietmodell, das bestimmte Softwarepakete, Funktionen, Services und/oder getätigte Transaktionen berechnet. Application Service Providing bedeutet somit für den Kunden die Verlagerung von Aufgaben, die bisher der PC und damit verbundene PC-Netzwerke übernahmen, ins Internet. ASP unterstützen die Firmen dabei, sich auf ihre eigentliche Geschäftstätigkeit und Kernkompetenz zu konzentrieren.

ASP verfügen über das notwendige Know-how in der Informations- und Kommunikationstechnologie - sie ist die Kernkompetenz der ASP. Durch die Nutzung eines ASP werden aufwändige Investitionen in Hard- und Software sowie Ausgaben für die Implementationen, Updates und die Anpassung der Software-Lösungen vermieden. Der Provider übernimmt die Pflege, Wartung und Weiterentwicklung des Systems. Darüber hinaus bindet sich der Kunde nur an den vertraglich vereinbarten Zeitraum und zahlt nur für die Services, die er nutzt. Sein IT-Budget wird kalkulierbar. Gerade für kleinere und mittelständische Unternehmen bietet sich hier die Chance, modernste Technologie und aktuelle Softwarelösungen zu einem vernünftigen Preis zu nutzen.

Im Bereich Sicherheit gelten für ASP höchste Ansprüche. Sowohl bei den genutzten Rechenzentren als auch bei der Datenübertragung vom PC zum Server verhindern umfangreiche Sicherheitstechnologien, dass Dritten der Zugriff auf die Daten möglich gemacht wird. Durch redundant ausgelegte, hoch performante Firewall-Systeme werden Daten gegen Netzangriffe geschützt.

Applikationen wie Office Suites, Customer Relationship Management, Management, Wissensmanagement und E-Commerce bilden die Basis einer zukünftig großen Vielfalt von Software-Lösungen.

Nicht alle Applikationen sind von Haus aus Application Service Providing-fähig. Mit Hilfe spezieller Protokolle kann allerdings fast jede Applikation auf ASP-Technik umgesetzt werden. Spezielle Zertifizierungsstellen bescheinigen der Software eine "ASP-readiness".

Das Leistungsspektrum eines Application Service Provider kann sich über folgende Bereiche erstrecken:

- Applicationpool-Software-Entwicklung: Entwicklung/zur-Verfügung-Stellung von browserfähiger, mandantenfähiger und skalierbarer Software. Tests und Zertifizierung.
- Beratung und Vertragsgestaltung: Erstellung einer Bedarfsspezifikation, Implementierung und Integration von Software/Hardware, Kosten-Nutzen-Analyse , SLAs (Service Level Agreements: Dienstvereinbarungen) , Fall-Back-Lösungen
- Hosting: Hardware-Infrastruktur, Administration, Systemverfügbarkeit, Datensicherheit
- Datenübertragung: Netzwerk, Bandbreite, Performance, Sicherung von Datenübertragung und Zugriffsverwaltung.

- Anwendungsadministration: Lizenzverwaltung, Anwendungsüberwachung, Updating.
- User Support: User Support, Anlaufstelle für Probleme (Single Point of Contact). Training, Billing.

Hinsichtlich des Einsatzes von CMS ist beim Application Service Providing die Beziehung vom Provider zum Kunden auf der B2B-Basis interessant. Hier wird Application Service Providing angeboten als

- „Pure-Play" Application Service Providing
- „Add-on" Application Service Providing
- Application Service Providing mit fokussierter Produktpalette
- Application Service Providing mit übergreifender Produktpalette

Ein Teil der anbietenden Unternehmen verfolgt Application Service Providing als einzige und übergreifende Geschäftsstrategie ("Pure-play ASP"), während andere Anbieter Application Service Providing als Produkterweiterung zu ihren bisher angebotenen Dienstleistungen ansehen und es als Zusatzgeschäft betreiben ("Add-on ASPs"). Letztere haben das ASP-Modell zur Gewinnung neuer Kundensegmente entdeckt und bieten bereits angebotene Produkte und/oder Dienstleistungen anstatt zum Kauf nun (auch) zur Miete an. Zu den typischen Anbietern in dieser Gruppe zählen zum Beispiel Software-Firmen und ihre Vertriebspartner, sowie Systemhäuser oder IT-Beratungen.

Neben der Einordnung der Anbieter in solche, die Application Service Providing als Geschäftsstrategie und solche, die es als Zusatzgeschäft betreiben, lassen sich Anbieter mit übergreifender Produktpalette von denen mit fokussierter Produktpalette unterscheiden. Application Service Providing-Anbieter mit fokussierter Produktpalette haben ihr Angebot auf einzelne Anwendungsbereiche und/oder bestimmte Branchen konzentriert. Diese "Spezialitäten-Shops" zeichnen sich vor allem durch ihr sehr spezifisches Know-how aus. Durch ihren hohen Spezialisierungsgrad und den Fokus auf abgegrenzte Anwendungsbereiche können sie ihren Kunden eine intensive Beratung anbieten und sehr spezifische Lösungen entwickeln.

Neben den fokussierten Application Service Providing-Anbietern etablieren sich Anbieter am Markt, deren Angebote nicht nur die gesamte Application Service Providing-Wertschöpfungskette abdecken, sondern zudem eine sehr breite Palette an Softwareprodukten in den verschiedensten Anwendungsbereichen umfassen. Das angebotene Portfolio reicht von einfachen Office-Anwendungen über E-Business-Lösungen, Personalmanagement sowie Groupware- und Messaging bis hin zu komplexen ERP-Systemen. Dabei handelt es sich sowohl um Anwendungen von Drittanbietern als auch um vom ASP selbst entwickelte Lösungen. Das Service-Paket der Application Service Providing-„Kaufhäuser" ist umfangreich, und in der Regel haben diese großen Anbieter einen sehr viel geringeren Teil der Dienstleistungen an Partner ausgelagert als „Spezialitäten-Shops". Sie verfügen über hoch professionelle eigene Rechenzentren und im Einzelfall auch über eigene Backbone-Netze.

Am deutschen B2B-Markt haben sich bisher zehn Anbieter mit übergreifender Produktpalette etabliert. Die Hälfte dieser ASP-Kaufhäuser wurden als Töchter oder Business Units großer Unternehmen gegründet (Andate: Mannesmann Telecommerce, Mobilcom E-Business: Mobilcom, Infomatec ASP: Infomatec, SorentiQ: TDS, ASPON: Deutsche Telekom). Die Produktpalette dieser Anbieter umfasst als Kernangebot vor allem Standard-Office-Anwendungen und Dokumentenmanagement-Systeme.

In Deutschland formiert sich der Markt für Application Service Providing gerade erst. Er ist bisher ein sehr stark angebotsgetriebener Markt; wobei eine breite Kundennachfrage bisher noch nicht existiert. Das sehr intensive Vertrauensverhältnis zwischen dem Application Service Provider und dem Kunden hinsichtlich der Lauffähigkeit und Performance der Anwendungen als auch der Sicherheit der Daten mag ein Grund für die noch schleppende Kundenakzeptanz sein. Da bisher die wenigsten Anbieter auf langjährige Erfahrungswerte oder Vorzeigekunden verweisen können, muss sich der junge ASP-Markt das notwendige Kundenvertrauen erst noch erarbeiten. Gleichzeitig befinden sich derzeit viele am Markt angebotenen ASP-Lösungen noch in der Pilotphase. Die technische Realisierung professioneller ASP-Lösungen kostet noch zu viel Zeit. Für potentielle Kunden ist es zudem schwer, den geeigneten Anbieter für ihren spezifischen Bedarf zu finden, denn ein wirklich großes, transparentes Angebot mit festgelegten Standards professioneller ASP-Leistungen für den Endkunden existiert noch nicht.

2.2.13 E-Commerce / Marktplätze

E-Commerce bedeutet im weitesten Sinne die Abwicklung von Handelstransaktionen über Netzwerke. Am stärksten eingesetzt wird E-Commerce zurzeit im Internet. Meistens werden beim E-Commerce Waren und/oder Dienstleistungen elektronisch präsentiert, verkauft sowie Transaktionen und Zahlungen online abgewickelt. Es werden weiter gehende Informationen über das Internet ausgetauscht, und es wird dem Kunden über das Internet ein umfassender Nutzen und Service geboten. Die technische Basis hierzu bilden digitale On- und Offline-Kataloge, virtuelle Stores und Shopping-Malls, die direkt über Verkaufsterminals an Warenwirtschafts- und Distributionssysteme angebunden werden.

Häufig besteht eine Verknüpfung zwischen E-Commerce und E-Business. E-Business bedeutet für ein Unternehmen letztendlich alle Geschäftsprozesse über das Internet/Intranet abzuwickeln. Damit sind auch alle Funktionsbereiche wie Marketing, Vertrieb/Service, Beschaffung, Produktion und Logistik etc. betroffen.

Die Aktivitäten beim E-Commerce lassen sich im Wesentlichen in drei Gruppen einteilen:

- Content: Sammlung, Verwaltung, Suche und Wiederauffinden von Informationen
- Community: Kommunikation (sich informieren; austauschen, diskutieren und verteilen von Information)
- Commerce: Transaktion (Bestellung, Kauf bzw. Verkauf und Versteigerung von Waren und Dienstleistungen)

Der unternehmerische Vorteil beim E-Commerce liegt vor allem in der Kostenminimierung. Die aufwändige Kundenbetreuung, besonders im Vorfeld der Kaufentscheidung, bei der der Kunde zu allererst grundlegende Informationen über das Unternehmen und die Produkte/Dienstleistungen seines Interesses sucht, wird durch eine Website mit den am häufigsten geforderten Standardinformationen ersetzt. Die Abwicklung des Geschäfts über ein einheitliches Kommunikationsmodell, sprich Informationen über Preise und Verfügbarkeit, Anfragen und Auftragsannahme, Bestätigungen und Online-Bezahlung bietet ebenfalls Kosten- und Zeitersparnis. Für den Kunden ist diese Art, Geschäfte zu tätigen ebenfalls von Interesse, da für ihn maximale Bequemlichkeit und Schnelligkeit damit verbunden sind. Allerdings muss man sich vergegenwärtigen, dass, je spezieller die Wünsche des Kunden sind, desto genauer er durch das Leistungsangebot geführt werden muss, um tatsächlich das Produkt zu finden, das er benötigt. Erst wenn der Kunde sich absolut sicher ist, dass das Produkt seinen Anforderungen entspricht sowie ausreichender Kundendienst einschließlich Bedienungsanleitungen, Handbüchern und Zusatzleistungen vorhanden ist, wird er sich zu einer Online-Bestellung entschließen. Daraus folgert, dass ein gut strukturierter „virtueller Verkaufsberater" unerlässlich für erfolgreiches E-Commerce ist.

Nichtsdestotrotz bedeutet E-Commerce keineswegs, den Kontakt zum Kunden und zu seinen individuellen Wünschen und Anregungen zu verlieren. Mit der Einrichtung eines Diskussionsforums auf der Website des Unternehmens eröffnet sich die Möglichkeit, mit den Kunden über ihre Erfahrungen zu diskutieren. Diese Informationen können dann wieder dazu beitragen, den Unternehmensablauf zu optimieren.

Obige Abschnitte beschreiben im Großen und Ganzen E-Commerce auf B2C-Basis (Business to Customer). Dem gegenüber steht der B2B-Bereich (Business to Business) des E-Commerce, der auf so genannten virtuellen Marktplätzen (E-Marktplätzen) basiert. Darunter ist Folgendes zu verstehen:

Business to Business E-Marktplätze bzw. E-Marketplaces sind Internet-Plattformen, auf denen neuartige Formen des Handels von Unternehmen miteinander entstehen. Analog zu realen Marktplätzen werden Angebot und Nachfrage miteinander abgeglichen und Transaktionen durchgeführt.

Die Vorteile von Internet-Marktplätzen gegenüber den auf eine bestimmte Seite einer Handelsbeziehung fixierten Lösungen liegen vorrangig in der gemeinsamen Nutzung von Funktionalitäten und Ressourcen. Die Ausweitung der Angebots- und Nachfrageseite durch die E-Marktplätze bietet allen Marktplatzteilnehmern vielfältige Nutzenpotentiale. Einkäufern eröffnen sich durch E-Marketplaces folgende Potentiale:

- Kostensenkungspotentiale (Beispielsweise durch die Vereinfachung des Einholens von Angeboten)
- Potentiale zur Senkung der Einstandspreise bzw. Verbesserung der Servicequalität (Beispielsweise durch bessere Transparenz und Vergleichbarkeit von Angeboten)
- Zugriff auf bessere Informationen und auf ein größeres Kundenpotential

- Bessere Produktinformationen
- Zugriff auf Auktionen
- Erhöhung der Qualität und Quantität von Informationen
- Nutzung einer kompletten Applikation
- Senkung der operationalen Gesamtkosten
- Einsparung von Kosten, die durch Software Upgrades und Wartung entstehen
- Aufbau von Kontakten zu Geschäftspartnern

Anbietern eröffnen sich durch E-Marketplaces folgende Potentiale:

- Effizienzgewinne realisieren
- Medienbrüche verringern
- Aktualisierungen des Angebots erleichtern
- Neue Marketing- und Vertriebskanäle
- Ausbau einer bestehenden bzw. Schaffung einer neuen Rolle innerhalb der Handelskette
- Senkung der Vertriebskosten und Risiken
- Vereinfachung der Interaktion über Online-Medien und Verbesserung des Kundenservices
- Schaffung von Mehrwerten innerhalb der digitalen Wirtschaft
- Zugriff auf bessere Informationen und auf ein größeres Kundenpotential

Erhöhung der Bindung bei bestehenden Kunden

- Zugriff auf Auktionen und Ausschreibungen
- Automatisierung des Bestands- und Auslieferungsprozesses (Kostenreduktion)
- Nutzung einer kompletten Applikation
- Senkung der operationalen Gesamtkosten
- Einsparung von Kosten, die durch Software Upgrades und Wartung entstehen
- Aufbau von Kontakten zu Geschäftspartnern

B2B E-Marktplätze erreicht man über B2B-Portale. Diese sind informations- und nicht transaktionsorientiert. Prinzipiell lassen sich zwei Typen unterscheiden, auch wenn in der Realität Mischformen existieren.

Horizontale B2B-Portale sind auf Vollständigkeit orientiert. Sie bieten über alle Branchen hinweg Verzeichnisse von Unternehmen, geordnet nach Branchen und/oder Produktgruppen. Für die Käufer von Produkten stellen diese Kataloge eine Erleichterung bei der Suche dar, für die Verkäufer zusätzliche Werbung. Beispiele hierfür sind die verschiedenen Varianten der Gelben Seiten (z. B. www.gelbeseiten.de).

Vertikale B2B-Portale sind dagegen communityorientiert. Solche Dienste, wie z. B. das BauNetz (www.baunetz.de), "der Online-Dienst für Architektur und Bauwesen", bieten zahlreiche Informationen von Interesse für eine bestimmte Branche an. Dazu zählen redaktionelle Inhalte (aktuelle Meldungen, Fachpresseartikel, Kommentare), Datenbanken (Nachschlagewerke, Termine, Normen und Vorschriften, Datenblätter), Foren, weiterführende Links und anderes. Da diese Dienste sowohl Anbieter als auch Nachfrager nach Produkten dieser Branche zusammenführen, eignen sie sich auch sehr gut für die Verbreitung von Ausschreibungen.

Indem man sich vergegenwärtigt, dass der Einsatz von Kommunikationsprotokollen, Sicherheitsinfrastrukturen, digitalem Geld, Electronic Shopping Malls, elektronischem Datenaustausch, Smart Cards, mobilen und/oder intelligenten Agenten, Verhandlungsprotokollen und -strategien, elektronischen Notaren, Zertifizierungsautoritäten, interorganisationalem Workflow-Management, elektronischen Verträgen und weiteren Technologien zur Anbahnung und Durchführung von Handelstransaktionen über Netzwerke mit zum großen Feld des E-Commerce gehört, wird klar, dass bei der Fülle von Daten, die bei dieser Technologie zum Einsatz kommen und miteinander verknüpft werden müssen, der Einsatz von Content Management besonders sinnvoll ist. Dabei gibt es Lösungen, die bestehende Datenverarbeitungssysteme integrieren.

Während beim B2C-basierenden E-Commerce Markenbildung entscheidendes Erfolgskriterium ist, entscheidet bei B2B E-Marktplätzen der Mehrwert über den Erfolg. Auf den B2B E-Marktplätzen treten viele Teilnehmer gleichzeitig als Käufer und Verkäufer auf und erhöhen somit den Netzeffekt.

2.3 Leistungsmerkmale

Die jeweiligen Einsatzbereiche stellen unterschiedliche Anforderungen an das CMS. Diese Anforderungen spiegeln sich in den Leistungsmerkmalen wieder, die sich in Bewertungskategorien zusammenfassen lassen.

Die Bewertungskriterien ergeben sich aus einer Zusammenfassung von technischen und inhaltlichen Merkmalen, mit denen sich sowohl das Produkt selbst und als auch seine Leistungsfähigkeit beschreiben lässt. Aus der Gegenüberstellung von Einsatzgebieten und den aus der Kategorisierung generierten Leistungsmerkmalen lässt sich die Eignung der Produkte für bestimmte Einsatzbereiche ableiten. Unter den technischen Merkmalen werden im Folgenden vor allem softwarespezifische Merkmale verstanden. Plattformen und Betriebssysteme werden indirekt im Punkt Skalierbarkeit wiedergespiegelt.

Folgende Leistungsmerkmale sind für die sich aus den Einsatzbereichen ergebenen Anforderungen zu nennen:

- Visualizing
- Retrieval
- Organizing
- Collaboration
- Modularisierung
- Skalierbarkeit
- Authoring

2.3.1 Darstellung der Leistungsmerkmale

Nachfolgend werden die o. g. Leistungsmerkmale stichpunktartig charakterisiert:.

Unter ***Visualizing*** sind zu verstehen: Selbstbeschreibungsfähigkeit, Präsentation, Individualisierbarkeit, „Look & Feel", Personalisierung (nach Rollen).

Das Leistungsmerkmal ***Retrieval*** umfasst: Suche, Fehlertoleranz, Exploration, Persönliche Favoriten.

Unter das Merkmal ***Organizing*** fallen: Link Management, Steuerbarkeit, flexible Abläufe, Eignung bei veränderter Aufgabenstellung, Templates, Rechte, Document Life Cycle, Workflow & Release, Versionierung, Archivierung, Sicherheit, Rollen, Struktur, Prozesse, Document Management, Thesaurus, Wissenslandkarten, Autoclassification, Autosummaration, Autoindexing, Autoclustering, Content Mining, Distribution (push/pull), Workflow Tools.

Zu ***Collaborating*** gehören: Groupware, Community Systems, Meeting Support, Creativity Support, Collaborative Filtering.

Modularisierung schließt ein: Schnittstellen, Export, Cross Media, Integrationsfähigkeit, Offene Standards.

Skalierbarkeit wird vor allem charakterisiert durch: Performance.

Authoring umfasst: Editing Solutions, Redaktion, Kategorisierung, Metadaten, Content-Erstellung, Indexing Tools.

2.3.2 Systemunterstützung

In der folgenden Abbildung 7 sind einige Leistungsmerkmale im Content Life Cycle abgebildet. Diese Darstellung ist systemorientiert.

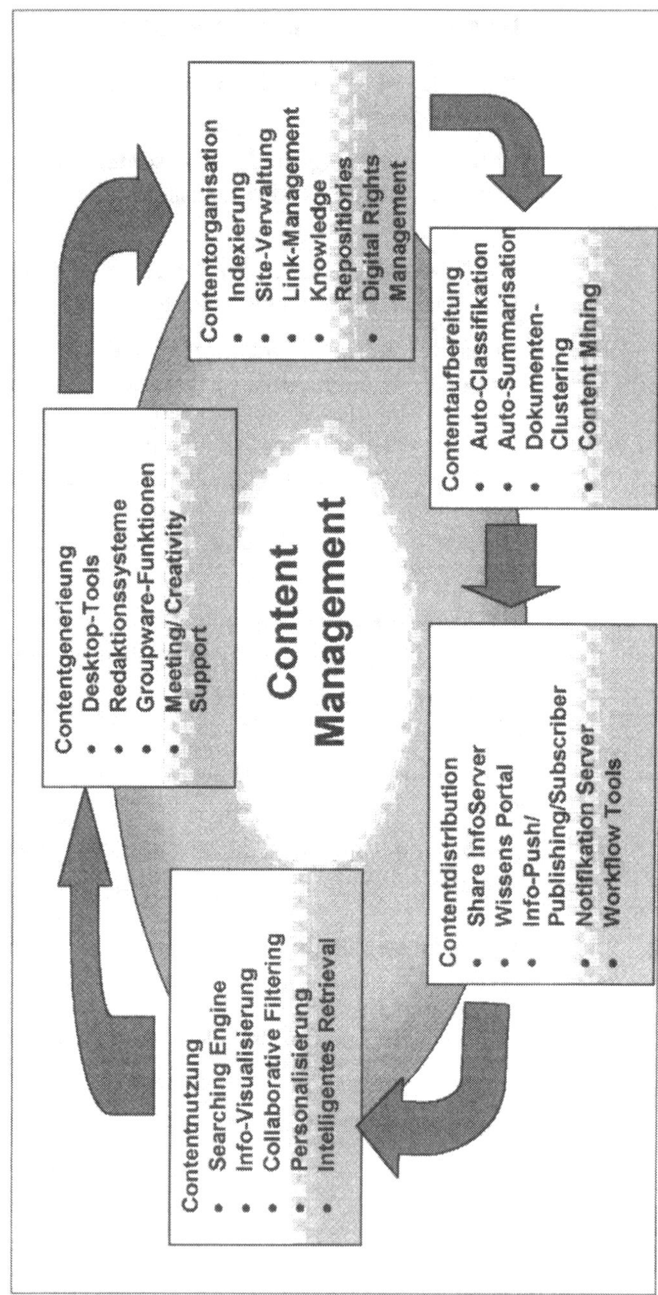

Abbildung 7: Systemunterstützung

2.3.3 Gegenüberstellung: Einsatzgebiete und deren Leistungsmerkmale

In folgender Tabelle (Abbildung 8) werden die Leistungsmerkmale den entsprechenden Einsatzgebieten zugeordnet.

Legende:

- 0 nicht relevant
- x geringe Bedeutung
- xx wichtig
- xxx sehr wichtig

Einsatzgebiete	Visualizing	Retrieval	Organizing	Collaborating	Modularisierung	Skalierbarkeit	Authoring
Infobroker	0	xxx	xxx	0	xxx	xxx	0
Cross Media Publishing	xxx	x	xx	0	xx	x	0
Unternehmensinformation	xx	xx	xx	xxx	x	x	xx
Dokumentenmanagement	x	xxx	xx	xx	x	xxx	xx
Informationspool	x	xxx	xxx	x	x	xxx	x
Wissensmanagement	x	xx	xxx	xxx	xxx	x	xxx
Training	xxx	0	xx	xxx	xx	x	xxx
Portale	xxx	xx	xxx	0	xx	xx	0
Customer Interaction & Care	xxx	0	xx	x	x	x	xx
Customer Relationship Management	xxx	xx	xxx	xx	x	xxx	xx
Kommerzielle Community	xxx	xx	x	xxx	xx	xxx	x
Application Service Provider	xx	0	x	xxx	xx	xxx	xxx
E-Commerce /Marktplätze	xx	xx	xxx	xx	xx	xxx	x

Abbildung 8: Tabelle Einsatzgebiete – Leistungsmerkmale

2.4 Szenario

Im Folgenden werden zwei CMS Szenarien in detaillierter Darstellung beschrieben: Es handelt sich um

a) das Unternehmensinformations-CMS von *Fujitsu Siemens Computers* und um

b) den Infobroker des *Bertelsmann Konzerns*.

2.4.1 Darstellung des Einsatzes Unternehmensinformation

Am Beispiel des Unternehmens *Fujitsu Siemens Computers* wird der Einsatz von CMS im Bereich der Unternehmensinformation dargestellt. Die unternehmenseigene CMS-Systemlösung wird mit ***Corporate Extranet*** bezeichnet.

Fujitsu Siemens Computers beschäftigt über 7.000 Mitarbeiter. Das Geschäftsfeld von *Fujitsu Siemens Computers* liegt im umfassenden Produkt- und Lösungsangebot für Personal- und Enterprise-Computing. Das Unternehmen ist in 25 Ländern in Europa, dem Nahen Osten und in Afrika präsent. Die Unternehmensinformation wird via Extranet publiziert, zu dem neben den Mitarbeitern über 7.000 Partner und deren Mitarbeiter – teilweise eingeschränkten - Zugriff haben. Zusätzlich zur Unternehmensinformation integriert das CMS von *Fujitsu Siemens Computers* das Einsatzgebiet B2B E-Commerce über das firmeneigene *Corporate Extranet.*

Das Extranet von *Fujitsu Siemens Computers* verwaltet rund 120.000 Dokumente mit folgendem Inhalt:

- Produktinformation
- Supportinformation
- Mitbewerbsinformation
- Marketingmaterial
- Veranstaltungshinweise
- Ankündigungen (Presse)
- Sonstiges

Dabei stellen Dokumente, die sich auf Produktinformation beziehen, den größten Anteil mit ca. 33 % dar, gefolgt von Supportinformation und Marketingmaterial mit ca. 15 %.

Fujitsu Siemens Computers beschränkt die Zugriffsmöglichkeiten auf ihr Extranet über fünf nutzergruppenspezifische Zugriffslevels. Damit wird die Dokumenten-Sichtbarkeit in folgende Levels unterteilt:

1. Internal: Der höchste Informationsgrad steht den Mitarbeitern zur Verfügung.
2. Service Partners stellen die zweite Ebene dar.
3. Value Added Resellers: Der dritte Zugriffslevel ist für die Weiterverkäufer konzipiert.
4. Independent Software Vendors: Unabhängige Software Verkäufer erhalten Content aus der vierten Ebene.
5. Public: Der Öffentlichkeit ist die fünfte Content-Ebene zugänglich.

Zusätzlich steht eine weitere Differenzierungsmöglichkeit nach Ländern bzw. Regionen zur Definition der Zugriffslevels zur Verfügung.

Die Informations-Generierung bei *Fujitsu Siemens Computers* erfolgt dezentral: Die Produkt-, Service-, Marketing-Bereiche sowie die regionalen Vertriebs-Marketings der jeweiligen Unternehmens-Vertretungen generieren ihren Content. Von den Datenbanken der jeweiligen Bereiche wird der Content via Links über das Extranet dem Vertrieb und den Partnervertrieben zur Verfügung gestellt. Im Extranet wird der Content mit weiteren Metadaten angereichert, um ihn schnell und sicher verfügbar zu machen.

Das *Extranet Authoring Tool* stellt das Instrument dar, das das dezentrale Content Management bei der Informations-Generierung ermöglicht. Dieses Authoring Tool umfasst über 30 Autoren, die Informationen über besondere Interessensbereiche (Special Interest Groups) verfassen. Dabei wären als Special Interest Groups z. B. Professional Service, Projektteams, Betriebsrat, etc. zu nennen. Die Dokumenten-Editierung erfolgt online und umfasst Attributes (Autor, Stichworte, etc.), Content (eigentliche Information) und Management (z. B. Zuordnung zur Produktkategorie). Die technische Umsetzung wird mittels *Hyperwave Virtual Folders* realisiert, wobei der Windows-Explorer integriert und eine gemeinsame Sicht auf alle Datenverzeichnisse ermöglicht wird.

Die redaktionellen Aufgaben des CMS bei *Fujitsu Siemens Computers* lassen sich mit den drei Stichworten Priorisierung, Aufbereitung und Kondensierung, d. h. Ausfiltern einer kurzen „News" aus der Fülle des zugelieferten Materials, charakterisieren. Die Redaktionsprozesse laufen hier sowohl zentral als auch dezentral ab. Zentral redaktionell bearbeitet werden die „News", die zuvor aus der gesamten Content-Menge kondensiert wurden, für alle Bereiche der Content-Generierung, also Produkt-, Service-, Marketing-Bereich und regionale Vertriebs-Marketings. Dezentrale Redaktionsprozesse finden dagegen bei der Aufbereitung der „eigentlichen" Informationen in den unterschiedlichen Bereichen (Produktinformation, Marketing, Service) statt. Mittels CMS findet eine Strukturierung der Dokumente in *Overview* und *Hyperlink to Details* statt. Auf diese Weise wird einer „Informationsflut" entgegengewirkt.

Der Zugang der User zum Extranet erfolgt über die Internet-Technologie. Ein *Pre-Portal* ist dem eigentlichen Extranet-Portal vorgelagert und stellt somit einen *Public Entry Point* dar. Diese Portalseite steht allen Usern der fünf Zugriffslevels offen und bietet ihnen den Zugang zum Server einschließlich der Möglichkeit, ein User-Konto zu eröffnen. Die *„reale"* Portalseite des Extranets, auf die der User über das *Pre-Portal* gelangt, ist dann das eigentliche Informations-Portal, auf dem die tatsächlichen Unternehmensinformationen gelagert sind. Mittels einer Extranet *Realtime Search Engine*, basierend auf HTML und Winword (docs), erfolgt dann die Informations-Präsentation für den Content-User.

Auf dem Extranet-Server, dem eigentlichen Betriebs-Server, ist folgende Software installiert:

- *Linux (Suse 6.3, Kernel 2.2.13 SMP)*
- *Hyperwave Information Server Rel. 5.1.1*
  - Document Database (72.000 objects)
  - Link Management
  - Realtime Search Engine
  - Sophisticated Access Control Lists for all objects (docs, links, user)

Derzeitig erfolgt bei *Fujitsu Siemens Computers* ein Upgrading auf *Hyperwave Release 5.5*.

Mit dem Einsatz des Extranets als interne und externe Informationsdrehscheibe stellten sich für *Fujitsu Siemens Computers* einige Probleme hinsichtlich Organisation, Gestaltung und Strukturierung. Dabei galt es, unternehmenseigene Prioritäten zu setzen. Die Erfahrungen, die gemacht wurden, können, gemeinsam mit den Lösungsansätzen von *Fujitsu Siemens Computers,* bei der individuellen Bewertung eines CMS für Unternehmensinformation interessant sein. Aus diesem Grunde werden sie im Folgenden kurz ausgeführt:

- Die Organisation stellt sich für *Fujitsu Siemens Computers* als eine Gratwanderung zwischen Zentralität und Dezentralität dar. Während auf der einen Seite Konsistenz und Einheitlichkeit des Contents Voraussetzung für gegliederte, effiziente Geschäftsprozesse sind, stehen dem gegenüber die Notwendigkeit der Geschwindigkeit der Informationsverfügbarkeit und der Aktualität des Contents.
- Hinsichtlich der Gestaltung und Struktur der Dokumente muss ebenfalls ein Gleichgewicht zwischen Kontinuität und Innovation gefunden werden. Da für die User Konstanz die Voraussetzung zum kontinuierlichen Einsatz des Extranets zur Informationserlangung ist, sollten die Basisstrukturen möglichst lange konstant gehalten werden. Im Interesse der Kontinuität ist es nicht unbedingt notwendig, jede mögliche neue Browser-Funktionalität zu nutzen. Ebenfalls ist der eigentliche Content wichtiger als neues Top-Design. Daher ist bei der Gestaltung des Layouts hinsichtlich „aktueller Modernität" eher Zurückhaltung im Sinne der Kontinuität geboten.
- Die Navigation soll für den User so einfach wie möglich sein. Für den User ist das Auffinden der Information entscheidend, er möchte mit ein paar Klicks an der richtigen Stelle sein. Daher sollte auf nachvollziehbare Strukturen, gute Lesbarkeit, Suchmaschinen und unterschiedliche Pfade zur Information Wert gelegt werden.
- Die Benutzerakzeptanz des Systems wird durch die Aktualiät der Information definiert. Komplizierte Abläufe („Flaschenhals") sind hinderlich – für den User ist die Geschwindigkeit der Abläufe wichtig.
- Die Administrationsfrage, d. h. das Entfernen von veralteten Informationen, wird häufig vernachlässigt. Neue Informationen sind schnell generiert und im Netz verfügbar gemacht – die nicht mehr aktuellen Informationen dürfen sich jedoch

nicht „anhäufen". Obwohl über das CMS die Funktion *Gültigkeitszeitraum* definiert ist, wird diese Funktion in der Praxis kaum eingesetzt, da der Zeitraum schwer abzuschätzen ist. Eine Möglichkeit zum Entfernen von veralteten Informationen ist die Regelung über die Prozessdefinition. Der Austausch von Dokumenten-Versionen umfasst jedoch nicht alle auf Aktualität zu überprüfenden Informationen. Daher stellt bis jetzt bei *Fujitsu Siemens Computers* der Zeitpunkt einer Neustrukturierung gleichzeitig als der Zeitpunkt zur Entfernung der veralteten Inhalte dar.

- Da die User zu Recht „Always On" verlangen, d. h. dass sämtliche Informationen jederzeit verfügbar sind, ist darauf zu achten, dass sämtliche Funktionen einsatzfähig sind. Es werden unnötige Aktivitäten (Vielzahl von Mails/Telefonanrufen) ausgelöst, wenn einige Links auf dem Betriebs-Server nicht funktionieren. Bei *Fujitsu Siemens Computers* wurde ein hochverfügbarer Betrieb (durchschnittlich 99,6 % Verfügbarkeit) mit einem Einzel-Server erreicht. Zur Optimierung ist z. Zt. eine Hochverfügbarkeitskonfiguration mit Doppelserver in Einführung.
- Die Aspekte der Netz-Infrastruktur spielen eine nicht zu unterschätzende Rolle: Während das europaweite Extranet von *Fujitsu Siemens Computers* in einem Netz mit großen Übertragungsbandbreiten (Hochgeschwindigkeitsnetz) hängt, müssen trotzdem eventuelle Downloadprobleme für mobile Nutzer sowie Länder mit eingeschränkter Netzeinbindung im Auge behalten werden. Daher ist es empfehlenswert, zumindest bei großen Dokumenten extra die Größe anzugeben. Als generelle Strategie für die Dokumenten-Veröffentlichung im Extranet gilt: Keine zu großen Dokumente erzeugen, eventuell teilen.
- Der Einsatz des Extranets für die Unternehmensinformation bei *Fujitsu Siemens Computers* machte die Doppel-Rolle, die das Extranet hierbei übernimmt, deutlich: Es dient einerseits als Informationsquelle für aktuelle News (z. B. News-Service, Positionierung von neuen Themen auf der Homepage), andererseits erfüllt es die Funktion eines „Wissens-Archivs" mit umfassender Informationsbasis, Struktur, Aktualität und Suchfunktionen.
- Hinsichtlich der Nutzerakzeptanz stellte sich heraus, dass das Online-Feedback der User relativ gering ausfällt. Laut *Fujitsu*

Siemens Computers werden die Feedback-Buttons hauptsächlich als „Fehleranzeige" bei fehlerhaften Funktionen genutzt. Aktiv dagegen werden sie kaum von den Usern eingesetzt. Um die Nutzerakzeptanz trotzdem bewerten zu können, interpretiert *Fujitsu Siemens Computers* kontinuierlich steigende Zugriffszahlen als Indikator. Zusätzlich erfolgt eine ständige Analyse differenziert nach Ländern. Generell erweist sich ein zentral organisiertes Response-Management als sinnvoll, da eine schnelle Reaktion wichtig für die Aktzeptanz der Nutzer ist.

2.4.2 Darstellung des Einsatzes Infobroker

Im Folgenden wird am Beispiel des global agierenden Medienunternehmens *Bertelsmann* dargestellt, wie Content Management in der Praxis des Infobrokers eingesetzt wird.

Bertelsmann, als einer der „Content-Giganten" auf dem Medienmarkt mit seinen Druckereien, Plattenfirmen, Online-Agenturen, Fernsehsendern, Musik-, Buch- und Zeitschriftenverlagen, ist logischerweise bestrebt, aus seinem verfügbaren Content größten wirtschaftlichen Nutzen zu ziehen. Das Prinzip der Mehrfach-Verwertung von Content liegt somit auf der Hand. Mittels eines Content-Management-Systems konnte eine kostengünstige, den Anforderungen des fortschreitenden Medienzeitalters gewachsene Lösung, die bei *Bertelsmann* als Content Syndication bezeichnet wird, realisiert werden. Content Syndication ist dem in Kapitel Klassifikationen beschriebenen Einsatzgebiet „Infobroker" zuzuordnen.

Bertelsmann führte ein unternehmensweites Content-Management-System ein, den *Private Syndication Network Service*. Dieser stellt eine individuelle Systemlösung dar, wobei „private" als „firmeneigen" zu verstehen ist, also die Integration des gesamten Konzerns in das System bedeutet.

Im Entwicklungsstadium wurden folgende Anforderungen an den *Private Syndication Network Service* gestellt, um das Unternehmensziel der Aggregation und Mehrfach-Verwertung von Content erfolgreich umsetzen zu können:

Es musste ein privates (unternehmensweites), sicheres und skalierbares Netzwerk zum Austausch digitaler Inhalte vorhanden sein.

Content unterschiedlicher Formate und aus unterschiedlichen Quellen (Extranet, Intranet, Internet) musste mit einer unbeschränkten Zahl von Abnehmern ausgetauscht und verknüpft werden.

Es mussten Filter- und Indizierungstools vorhanden sein, die den Content nach kundendefiniertem Thema, Ort, demographischen Kriterien, Zeitpunkt und/oder Sprache anforderungsgerecht zuschneidern.

Eine zielgenaue Lieferung von Content zur richtigen Zeit am richtigen Ort sollte ermöglicht werden.

Aus diesen Voraussetzungen wurde ein intelligentes Syndication Netzwerk, die iSyndicate-Lösung realisiert, die eine erfolgreiche Umsetzung der Anforderungen sicherstellt:

Dabei wurde das Infobroking von der reinen Verteilung statischer Inhalte zu einer dynamischen Verknüpfung statischer und dynamischer Inhalte weiterentwickelt.

Das intelligente Syndication Netzwerk ist in der Lage, Webseiten dynamisch zusammenzusetzen, Formate zu transformieren, Datenbankabfragen durchzuführen sowie Authentifizierung und Zugriffskontrolle sicherzustellen.

Abhängig von der benötigten Funktionalität besteht die Möglichkeit, optional Daten weiterzugeben, ohne über eine zentrale Datenbank zu gehen.

Die Datenhaltung erfolgt Medien-neutral (XML).

Es bestehen beliebig konfigurierbare Schnittstellen zu Content Providern, Content Distribution Networks, Datenbanken und Kunden. Die Schnittstellen zu Content Providern werden über XML, HTML, FTP, E-Mail und Web Tools realisiert. Die Distribution-Schnittstellen sind dahingehend gestaltet, dass ein Hosting sowohl beim Kunden also auch beim Syndicator erfolgen kann.

Es wird verteilte Prozess Intelligenz mit verteilten Objekt-Caches geboten.

Adaptive Objekt-Caches ermitteln Nutzungsanforderungen und halten die Daten entsprechend bereit, um Cache-Fehlzugriffe zu vermeiden.

Basierend auf den o. g. Überlegungen setzt sich bei *Bertelsmann* das Content-Management-System aus drei Bestandteilen zusammen:

- Dem *Core Content Management*, das klassisches Content Management bietet.
- Der *Content Classification*, das der Klassifizierung von Inhalten aus dem World Wide Web und anderer Inhalte dient.
- Der *Content Syndication* für den Content-Handel (Infobroking) für das Web.

Unter dem ersten Bestandteil, dem *Core Content Management*, wird das klassische CMS verstanden, dessen Content Prozess von der Generierung bis zur Nutzung/Präsentation verläuft. Es wurde im Kapitel Begriffsbestimmung erläutert.

Der zweite Bestandteil *Content Classification* behandelt den Prozess der Content- Organisierung. Vor Vermittlung und Verbreitung von Content steht die Klassifizierung der Daten, die eine sinnvolle Mehrfach-Distribution von Content über verschiedene Kanäle erst ermöglicht.

Der herkömmliche Weg, nämlich die manuelle Erstellung von Directorys über Portale wie z. B. Lycos oder Yahoo, hatte sich als schwer und teuer erwiesen: Große Teams von Redakteuren waren mit der Sammlung von URLs aus dem World Wide Web beschäftigt, die zu kategorisieren und zu publizieren waren. Neben den hohen Kosten erwies sich der Umfang der Directorys, der sich typischerweise auf 1 – 2 Millionen Seiten belief, als negativer Faktor. Über manuelle Klassifizierung wurde man mit dem rasanten Wachstum des Webs nicht fertig, zumal sich die Qualität des klassifizierten Contents, abhängig vom jeweiligen Redakteur, als inkonsistent erwies.

Indem die Klassifikation automatisiert wurde, konnte trotz geringerer Kosten eine konsistente Qualität des Contents erzielt werden. Die Abdeckung der klassifizierten Daten gemessen am Wachstum des Webs stieg. Erste Lösungen zur automatisierten Content-Klassifizierung waren Northernlight, das die Prozesse zur Klassifikation von Suchergebnissen automatisierte, und später Topical Storm Europe, das die automatische Klassifizierung des ganzen WWW und anderer Inhalte vornahm. Inzwischen werden durch Topical Storm Europe die Content-Bereiche Sources, Prime Content, Corporate Sources und Subcribers Content automatisiert klassifiziert.

Unterstützt durch Content Management in der oben beschriebenen Form, stellt sich die automatisierte Lösung im Einzelnen folgendermaßen dar:

Die Klassifizierungstechnologien ermöglichen es, Produkte zusammen mit Inhalten zu kategorisieren.

Wenn ein Nutzer eine Inhalteseite aufruft, kann die Seite auf ein Thema/Topic bezogen werden.

Das Thema/ Topic kann dann mit einem Produkt verbunden werden.

Durch die Content Classification schließlich wird die gezielte Aggregation und Mehrfach-Verwertung des Contents (Content Syndication) ermöglicht, die zur Erhöhung der Wertschöpfung führt.

Der dritte Bestandteil des CMS bei Bertelsmann ist die *Content Syndication*. Gemeinsam mit den beiden Partnern des Geschäftsmodells, den Content-Providern und den Unternehmen / Service-Providern, bildet Bertelsmann ein Win-Win Modell. Einer Zahl von 100.000 Content-Eigentümern stehen 1.550.000 Content-Nutzer gegenüber, die den Content über die Distributionsnetzwerke des Syndicators beziehen. Sowohl Content-Eigentümer (Urheber, Verlage, Content-Provider) als auch die Content-Nutzer (Unternehmen, e-Business Kunden, Service-Provider) haben Vorteile aus dem Bezug von Content über den Syndicator:

Content-Eigentümer profitieren durch den kontinuierlichen Verkauf ihres Contents an den Syndicator mit Umsatzerhöhungen, haben die Möglichkeit zur Nutzung digitaler Assets und können einen festen Vertriebskanal, gekoppelt mit ihrem „Marken"namen (Brand) aufbauen.

Mit dem Bezug von Content über einen Syndicator profitieren die Content-Nutzer durch eine Erhöhung ihrer Zugriffszahlen, einer optimierten Geschwindigkeit der „Time to Market", der Möglichkeit, sich auf ihre Kernkompentenzen zu fokussieren und, last not least, mit einer Erhöhung des Umsatzes.

Indem Bertelsmann nicht nur als Syndicator agiert, sondern gleichzeitig selber über große Mengen an Content verfügt, wird die Wertschöpfungskette optimiert.

Seine Rolle als Infobroker (Synidcator) definiert Bertelsmann mit folgenden Bereichen: Bezug des Content von unterschiedlichen Content-Providern (Intern- bzw. Fremd-Provider), Modularisierung und Verwaltung zur Weitergabe an Service-Provider bzw. Endanwender. Mit Hilfe der oben beschriebenen iSyndicate-Lösung leistet das Content-Management-System von Bertelsmann:

- Content-Modularisierung
- Licensing (sowohl von rechtlicher also auch von kostenrechnerischer Seite) und Angebotsaggregation
- Leitung der Revenue Streams. Dies beinhaltet u. a. Lizenzgebühren, Traffic Generating (Vertriebskanäle) und Sponsorship, Customizing Services
- Aggregation der Nachfrage und Multi-Distribution

Der Syndication Prozess, der die Mehrfach-Verwertung des Contents erfolgreich organisiert, läuft bei Bertelsmann wie folgt ab (Abbildung 9):

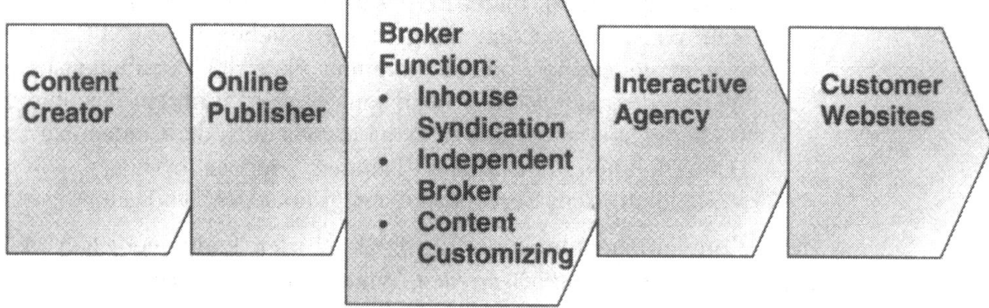

Abbildung 9: Syndication Prozess Bertelsmann

- Der *Content Creator* ist entweder *Bertelsmann* selbst oder ein externer Content-Provider.
- Als *Online Publishing* ist die automatisierte Klassifizierung mittels *Topical Storm Europe* zu verstehen, also die Aufgabe, die früher manuell durch Redakteure ausgeführt wurde.
- In der Rolle als *Infobroker* macht Bertelsmann Content in drei Geschäftsmodellen verfügbar. *Bertelsmann* bezeichnet sie als *Inhouse Syndication*, *Independent Broker* und *Content Customizing*. Sie werden nachfolgend erläutert.
- *Interactive Agencys* sind Service Provider, die den Content dem Endanwender zugänglich machen, interagieren und weitervermitteln.
- Schließlich erhält der Endanwender Zugriff auf den Content über die *Customer Websites*.

Optimale Content-Verwertung erzielt *Bertelsmann* durch die drei Geschäftsmodelle *Inhouse Syndication, Independent Broker* und *Content Customizing*.

Als *Inhouse Syndication* ist die Vermittlung von Content innerhalb des gesamten Unternehmens zu verstehen. Der Content wird intern generiert, Content-Provider ist in diesem Fall das gleiche Unternehmen. Die redaktionelle Rolle ist hierbei eingeschränkt, es dominiert das Bedürfnis nach einfachem, schnellen Zugang zum Content. Über *Inhouse Syndication* beziehen z. B. Tomorrow, Focus/Burda, der Axel-Springer-Verlag, dpa und KirchNewMedia Content von der Bertelsmann Muttergesellschaft.

Der *Independent Broker* bezieht extern Content von einer Vielfalt von Fremd-Content-Providern. Beim zu vermittelnden Content handelt es sich um den im Kapitel Klassifizierung (sh. Infobroker) beschriebenen allgemeinen Content, der sich automatisieren lässt und somit kostengünstig zu vermitteln ist; redaktionelle Arbeit ist hier nicht nötig. Die Wertschöpfung erfolgt durch die Quantität des zur Verfügung gestellten Inhalts. Es wird dem Kundenbedürfnis nach dem „One-Stop-Shop“ entsprochen. Als Beispiele wären zu nennen: iSyndicate, Screaming Media, 4Content, Tanto, YourNews, nFactory.

Content Customizing schließlich bezieht den Content ebenfalls extern von vielfältigen Fremd-Providern. Im Gegensatz zum Independent Broker spielt die redaktionelle Bearbeitung hier jedoch eine große Rolle, da der Content für den Kunden „maßgeschneidert“ wird. Es handelt sich hier um den im Kapitel Klassifzierung (sh. Infobroker) beschriebenen hochwertigen Content. Die Wertschöpfung erfolgt bei diesem Geschäftsmodell durch die Qualität des Inhalts. *Content Customizing* ist besonders für das B2B-Business von Interesse. Als Beispiel wären hier Media Agenturen zu nennen (T1 New Media).

Laut *Bertelsmann* kann das Syndication-Geschäftsmodell als ein intelligenter Kreislauf verstanden werden. Durch eine Optimierung des verkäuflichen Contents und der Vertragsverhandlungen mit Content-Anbietern und –Abnehmern besitzt der Syndikator effektive Mechanismen, kostenoptimiert zu arbeiten. Der Kreislauf dieses Geschäftsmodells besteht aus den Elementen:

- Akquisition
- Transformation
- Anreicherung

- Distribution und
- Management

Den ersten Schritt stellt die Akquisition mit dem Eingang der Inhalte dar. Mit der Transformation erfolgt der Ausgleich der Formate, die dann darauf folgend Anreicherung erfahren durch a) Metadaten und Schichten sowie durch b) Indizierung und Kategorisierung. Es folgt die Distribution, zu der sowohl der Ausbau des Markts als auch Lieferung & Integration des Contents gehören. Darauf aufbauend greift das Management, das mittels Tracking und Reporting die Optimierung der Geschäftsprozesse und Identifizierung des Contents als Asset zum Ziel hat. Es trägt dazu bei, das Rechte-Management zu verbessern, was wiederum zu einer Optimierung der Akquisition führt. Der Kreislauf ist geschlossen. Organisiert und unterstützt wird der beschriebene Kreislauf durch das anfangs beschriebene intelligente Syndication Netzwerk *iSyndicate*.

3 Produktübersicht

Im Folgenden Kapitel werden die wichtigsten Produkte für ein Content-Management-System zusammengestellt und kurz erläutert. Ziel ist es, einen groben Überblick über die am Markt befindlichen Systeme und deren Einsatzmöglichkeiten zu geben.

Zusammenfassend lässt sich der Markt in drei Klassen einteilen:

- **High-end**: Dieser Typ kostet um ca. 350.000,- DM und mehr lediglich für die Software-Lizenz auf der Nutzerseite. Die Kosten für ein komplettes CM-System belaufen sich auf 1.000.000,- bis 2.000.000,- DM. Vertreter dieses Typs sind die Anbieter Vignette mit V/5 und Infopark mit NPS.
- **Medium-end**: Das ist die bedeutend günstigere Alternative für weit reichende Leistungsmerkmale, jedoch mit geringeren Nutzungszahlen und einer geringeren Zahl von Anbietern. Hier sind Intervowen mit TeamSide oder NetObjects zu nennen, die mit ihren CM-Systemen ab 200.000,- DM beginnen.
- **Low-end**: Dieser Typ wendet sich an kleine Firmen. Der Kunde erhält die Leistung über einen zentralen Sever via Internet. Die Entwicklungskosten entfallen, die Kosten für den Betrieb werden durch Auslagerung minimiert. Die Lizenzkosten sind marginal gering mit 100,- DM pro User. Somit ist ein Gesamtsystem noch unter 10.000,- DM im Unternehmen einsetzbar. Ein Anbieter ist hier die Content Managment AG mit CM4all.

Das Markt- und Technologie-Forschungsinstitut Forrest Research veröffentlichte im März 2001 den Report "MarketView". Die Anbieter von CMS wurden nach den folgenden Eigenschaften bestimmt: Leistungsfähigkeit, Kosten, Kundenbetreuung und Support, Einsatz, Entwicklung, Integration und Skalierbarkeit. Es ergaben sich die führenden Anbieter mit:

Broadvision' s **One-To-One.** Chrystal Software' s **Eclipse.** Documentum' s **4I.** eBusiness Technologies' **engenda.** Eprise' s

Participant Server. FileNET' s **Panagon Content and Web Services.** Gauss Interprise' s **VIP ContentManager.** Interwoven' s **Teamsite.** IntraNet Solutions' **Xpedio.** Ncompass Labs' **Resolution.** Open Market' s **Content Center.** Six Open System' s **SixCMS.** Vignette' s **V/5 CMS.** WorldWeb.net' s **Expressroom I/O**

Alle am Markt befindlichen CMS-Systeme bieten eine Grundabdeckung an Service- und Workflow-Prozessen:

- Trennung von Struktur, Layout und Inhalt
- Verwaltung von Struktur- und Darstellungsinformationen
- Dynamische Einbindung von Rohinhalten in die Darstellungsvorlagen (Stylesheets) für unterschiedliche Ausgabemedien und Benutzerprofile sowie Konformität zur Corporate Identity
- Unterstützung bei redaktioneller Neuerstellung durch standardisierte Templates
- Automatische Pflege (löschen, verschieben, archivieren, konvertieren) von Inhalten
- Sicherung, Konsistenz und Aktualität von Informationen
- Abbildung und Unterstützung des Workflows im Rahmen des Content Life Cycle
- Zugangskontrolle über Benutzer-, Rollen- und Rechteverwaltung

Die Fokussierung auf Branchen und Einsatzgebiete lässt teilweise ausgeprägtere Funktionsschwerpunkte erkennen. Diese sind über die Anwendungsschwerpunkte in den Produkttabellen erkennbar. So besitzen Systeme für die Verlags- und Medienbranche ausgeprägte Redaktionsunterstützung. Ob diese Systemeigenschaft des Produktes den eigenen Bedarf im Unternehmen abdeckt, muss jeweils individuell analysiert werden. Hilfestellung dazu geben die Kapitel *Kritische Erfolgsfaktoren* und *Checklisten*.

3.1 Produkte

Auf dem Markt für Content-Management-Systeme tummeln sich sehr viele Anbieter. Einige Produkte wurden direkt als Content-Management-System entwickelt, andere stammen aus dem Bereich Webpublishing oder Dokumentenverwaltung und bieten jetzt auch Funktionen für das Verwalten von Websites an. Medienübergreifene CMS findet man als Projekte, die das Produktstadium noch nicht erreicht haben, in Betrieb.

Zu den Produkten werden Herstellerangaben, Leistungsmerkmale und technische Voraussetzungen benannt. Abschließend werden die wichtigsten Produkte den jeweiligen Einsatzbereichen in Form einer Tabelle zugeordnet.

3.1.1 @it - Dimedis GmbH

Anwendungs-schwerpunkt	Große Unternehmen und Behörden, bei denen die darzustellende Information aus den verschiedensten Abteilungen und Standorten kommt. Kleine bis mittlere Unternehmen, die Webhosting von Providern in Anspruch nehmen, aber trotzdem ihre Websites aktuell halten möchten. Webauftritte, für die Mehrsprachigkeit unabdingbar ist. Mobile Redakteure, die Inhalte von unterwegs pflegen müssen.
Sonstige Angaben	Anpassungen und Erweiterungsprogrammierungen sind machbar; Mehrsprachigkeit; Zusätzliche Module: Ansprechpartnermodul; Info ABO; Presse- und Bildarchiv; Veranstaltungen; Materialbox
Workflow-management	@it verfügt über Freigabemechanismen. Dokumente können von Mitarbeitern bearbeitet oder angelegt werden, erscheinen jedoch erst im Internet, wenn sie von einem Benutzer mit den entsprechenden Rechten freigegeben wurden. Presse- und Bildordner haben eine zeitgesteuerte Archivfunktion, die Seiten aktuell und übersichtlich hält und zugleich die Suche nach „alten" Informationen im Archiv ermöglicht. Außerdem kann eine zeitabhängige Aktivierung/Deaktivierung von Inhalten festgelegt werden.
Zugriffsver-waltung	@it verfügt über ein komplettes Usermanagement und unterscheidet zwischen vier Benutzerstufen vom Administrator bis zum Internet-Mitarbeiter. Einzelne Objekte können Gruppen von Benutzern zugeordnet werden. Vergabemöglichkeiten von Rechten nur für bestimmte Seiten und/oder Seitenelemente sind vorgesehen. Die Anzahl der Benutzer und Gruppen ist nicht limitiert. Die Benutzerverwaltung ist auch alternativ über eine LDAP-Schnittstelle verfügbar.
Publishing Prinzip	
Technische Anforde-rungen	Serverplattform: Hardware: PC Pentium II 400, 128 MB, Enterprise Server von SUN Microsystems (für größere Systeme). Betriebssystem: UNIX (alle gängigen Varianten wie Solaris, Linux, Irix), Windows NT/2000; Linux Clientplattform: Standard Webbrowser 4.x (Netscape oder InternetExplorer)
Eingesetzte Datenbank	Oracle 8.x (Informix geplant) – Aufgrund seiner weitestgehenden Datenbankunabhängigkeit ist eine Einbindung anderer relationaler Datenbanken jederzeit und kurzfristig möglich.
Webserver	Apache Webserver, Netscape Enterprise Server
Referenzen	Prisma Verlag, Köln (http://www.prisma-online.de) RTL Multimedia GmbH (http://www.rtl.de) ISIS Multimedia Net GmbH, Düsseldorf (http://www.isis.de) EMI Electrola GmbH, Köln (http://www.emimusic.de)
URL	http://www.dimedis.de

3.1.2 Amsterdam - Systembureau GmbH

Anwendungs-schwerpunkt	Web Publishing-/Content-Management-Systeme im Intranet, Extranet. Klammer für unterschiedliche DV-Systeme wie Lotus Notes, MS Exchange, SAP und andere.
Sonstige Angaben	Der Fokus liegt in der einfachen Bedienbarkeit der Software für Autoren und Layouter. Produktentwicklung von Amsterdam eingestellt, Konzeption und Realisierung eines neuen XML-Applikationsservers für 4. Quartal 2001
Workflow-management	Revision in zwei Stufen frei definierbar mit Rückmeldung über E-Mail und Shapes beim Einloggen. Scheduler auf Seitenebene als Service.
Zugriffsver-waltung	Gruppen und Benutzer sind völlig frei definierbar.
Publishing Prinzip	Staging und Live Server sind beide möglich.
Technische Anforde-rungen	Serverplattform: Betriebssystem: Tru-64 UNIX 4.0, HP/UX 11.0, AIX 4.2; Windows NT /2000, Windows 95/98 RedHat Linux 5.2, IRIX 6.5 Solaris 2.5.1, Solaris 7 Clientplattform: Unix und Microsoft NT/2000 mit Java Runtime Environment
Eingesetzte Datenbank	Objectiviy, POET, ObjectStore; relationale Datenbanken über ODBC und JDBC Java IDL, OrbixWeb, auf Wunsch jeder andere ORB
Webserver	Eigene Entwicklung – alle Webserver können als Proxy-Server für Amsterdam arbeiten.
Referenzen	Deutsche Bau- und Bodenbank, Wiesbaden (http://www.depfa-bank.de) Bankhaus Sal Oppenheim, Köln Scoutgruppe Alps Electric Europe, Düsseldort (http://www.alps-europe.com/)
URL	http://www.systembureau.com

3.1.3 ANTEROS - Siemens C-LAB

Cooperative Computing & Communication Laboratory

Anwendungsschwerpunkt	ANTEROS ist ein skalierbares E-Business-System der nächsten Generation und kann daher nicht nur für zentrale Online-Lösungen, wie z. B. Produktkataloge eines Herstellers, sondern auch für verteilte virtuelle Marktplätze verwendet werden. Eine Marktplatzoberfläche ermöglicht dem Kunden präzise Anfragen in der Summe aller Angebote.
Sonstige Angaben	ANTEROS ist als generische Toolbox nicht eingeschränkt auf gewisse Branchen. Besonders geeignet ist es für strukturierbare Informationen, um dann auch strukturierten und präzisen Zugriff zu erlauben.
Workflowmanagement	
Zugriffsverwaltung	Man kann für die unterschiedlichen Benutzergruppen verschiedene Sichten definieren. Dadurch werden dann zum einen mehr/weniger Informationen angezeigt oder aber es werden auch andere Klassifikationen für die Daten angeboten (d. h. andere Zugriffsstrukturen auf die Informationen). Die Daten sind aber nur einmal abgespeichert.
Publishing Prinzip	Live Server
Technische Anforderungen	Serverplattform: AIX, DG/UX 4.2, DYNIX/ptx 4.4.2 forward, HP-UX, IRIX, Linux, MacOS, Novell Netware, Open VMS, OS/2, OS/390, OS/400 SCO, Tru64 UNIX; UnixWare, VxWorks und Windows NT/2000 Clientplattform: ANTEROS ist vollständig in Java realisiert und daher plattformunabhängig
Eingesetzte Datenbank	Zur Datenbankanbindung setzt ANTEROS auf die Standardschnittstelle JDBC auf und unterstützt damit nahezu alle relationalen Datenbanken (Access, Oracle, ...) Java
Webserver	Das Frontend generiert HTML-Seiten mittels Servlet-Technologie. Daher wird ein WWW-Server mit Servlet-Engine vorausgesetzt (die aber für nahezu alle WWW-Server angeboten werden).
Referenzen	Marktplatz des VDMA mit Informationen zu Mitgliedsfirmen und deren Produkten/ Dienstleistungen sowie Verbindungen zu ersten Online-Produktkatalogen und Dienstleistungen Medien-Marktplatz für Bildmaterial einer Multimediaagentur Gebraucht-Trailer-Börse Produktkatalog einer Zahnradfabrik
URL	http://www.c-lab.de

3.1.4 CM4all - Content Management AG

Anwendungs-schwerpunkt	Rein internetbasiertes Content-Management-System. Es handelt sich nicht um Server Farming, sondern um reines Application Service Providing eines hochwertigen Content-Management-Systems für Webinhalte.
Sonstige Angaben	Websites erstellen und pflegen. Zielgruppen: hauptsächlich kleinere Unternehmen bis Mittelstand und Privatanwender.
Workflow-management	Redaktion durch Rollen/Rechtevergabe. Qualitätssicherung der letztendlichen Freigabe durch den Chefredakteur (Veröffentlichung) -> Upload der geänderten Seiten in den Webspace
Zugriffsver-waltung	Userrollen: Content-Autoren können neue Seiten anlegen und mit Content füllen / Content bearbeiten. Template-Autoren erstellen Templates zur Darstellung der Inhalte. Der Administrator vergibt frei wählbare Rechte. Der Chefredakteur kann die Seite schließlich veröffentlichen. Die Rechte beziehen sich auf Userrollen und den Zugriff auf Seitenbereiche bzw. einzelne Seiten.
Publishing Prinzip	Staging. Kopien der Website werden auf dem zentralen Server bearbeitet – geänderte Dateien werden hochgeladen.
Technische Anforde-rungen	Serverplattform: Kein Server notwendig (bei ASP) Clientplattform: Hardware: beliebig Betriebssystem: alle, für die Browser erhältlich sind, wie z. B. MS Windows 95/98/2000, Linux, MacOS, Solaris, andere Unix-Derivate Browserbasiertes Frontend für die redaktionellen und administrativen Aufgaben
Eingesetzte Datenbank	Nicht notwendig: keine Datenbankanbindung nötig, da die Datenbank auf zentralem Server betrieben wird.
Webserver	Nicht notwendig, da über einen zentralen Server zugegriffen wird.
Referenzen	Das System wurde erst im Juni/Juli 2000 verfügbar.
URL	http://www.cm4all.com

3.1.5 Community Engine ™ - Webfair AG

Anwendungs-schwerpunkt	Webfair AG ist ein führender Anbieter von Business Community Software, E-Business-Solutions, webbasiertem Partner-Relationship-Management und der Entwicklung von Inter-, Intra- und Extranet-Lösungen. Zum Aufbau von Business Communities auf Basis eines Content-Management-Systems im Intra-, Extra- und Internet aus einer Datenbasis wird auch Active Knowledge Management unterstützt.
Sonstige Angaben	Über die integrierten Module Chat und Forum sowie die zahlreichen Feedback-möglichkeiten, die das System bietet, wird eine Verbindung von Informations-verwaltung und Kommunikation über eine gemeinsame Datenbank geschaffen. Darüber hinaus ermöglicht die Verwendung von XML-Templates im SML/HTML-Web Client die klare Trennung von Content und Layout und eine einfache Eingabe von Inhalten.
Workflow-management	Erstellung von Topic-, Autoren- und topic-/autorbasierten Workflows Zahlreiche Möglichkeiten der Voreinstellung von Optionen (z. B. beim Offlinestellen automatisch zurück an den Autor)
Zugriffsver-waltung	Umfangreiche Zugriffsberechtigungen für Autoren (Eingabeseite) und User (Ausgabeseite) Vergabe von Klassifizierungen für Content Objekte Rollenkonzept: Subadministration bestimmter Bereiche Import von Windows NT Berechtigungen
Publishing Prinzip	Staging mit Production Server und Live Server
Technische Anforde-rungen	Serverplattform: Hardware: CPU Pentium/400 (min.) oder Alpha; 256 MB RAM; HD 8 GB Betriebssystem: Windows NT 4.0 SP4, Windows 2000, Linux 6.x, Solaris Clientplattform: Betriebssystem: Windows 95/98 oder NT /2000 Browser: Internet Explorer 4.x/5.x oder Netscape 4.x/5.x
Eingesetzte Datenbank	Microsoft SQL Server 7 und Oracle 8i Java JDT (Java Data Transmitter)
Webserver	Apache, Microsoft Personal Web Server, Microsoft Internet Information Server, Netscape FastTrack & Enterprise Servers
Referenzen	Arbeiterkammer Oberösterreich Birkenbihl Gruppe, Roche Diagnostics GmbH Volkswagen AG
URL	http://www.webfair.de

3.1.6 Content Manager - plenum new media AG

Anwendungs-schwerpunkt	Content-Management-Redaktionssystem. Alle Sites. Das System verwaltet alle Inhalte einer Site als Komponenten, die während des Erzeugens zu einer Datei statisch (HTML) oder dynamisch (Perl, PHP, ASP, JSP) zusammengesetzt werden. Diese wird dann vom Staging Server durch die Qualitätssicherung zum Live Server übertragen. Anbindung von externen Datenquellen per JDBC/ODCB möglich.
Sonstige Angaben	Maskenorientierte Eingabe für Content Anbindung von benutzerdefinierten Tabellen mandantenfähig Integrierte Multimedia-Datenbank Datenbank- und webserverunabhängig Zeitgesteuerte Freigabe möglich Versionierung von Inhalten
Workflow-management	Redaktion, Qualitätssicherung, Produktion durch den Content Manager
Zugriffsver-waltung	Gruppen sind frei definierbar. Rollen sind nicht definierbar. Rechte sind vorgegeben. Die Zuordnung von Rechten zu Gruppen ist frei wählbar. Die Rechteverwaltung ist an Windows NT angelehnt.
Publishing Prinzip	Die Seiten werden vom Mitarbeiter auf dem Staging Server erzeugt, von dort nach Zustimmung der Qualitätssicherung zum Live Server übertragen.
Technische Anforde-rungen	Serverplattform: Hardware: abhängig von der Größe der Site Betriebssystem: Windows NT/2000, Unix, Linux Clientplattform: Hardware: intel Pentium II, ab 400 MHz, 128 MB Betriebssystem: jedes Betriebssystem, für das Java verfügbar ist; Installation erforderlich oder Appletversion
Eingesetzte Datenbank	Alle relationalen Datenbanken (über JDBC- oder ODBC) Oracle, Microsoft SQL Server, Sybase, MySQL, Microsoft Access wurden erfolgreich getestet. Java RMI
Webserver	Alle; Projekte auf MS Internet Information Server 3 /4; Apache, Netscape, Oracle Web Application Server
Referenzen	www.schering de www.veag.de www.dudarfst.de www.berliner-volksbank.de
URL	http://www.plenum-new-media.com

3.1.7 Content Server - Active WEB

Anwendungs-schwerpunkt	Intranets in Großunternehmen für dezentrales Informations- und Wissensmanagement, kommerzielle Internet-Auftritte
Sonstige Angaben	Einsetzbar als Entwicklungsumgebung für webbasierte Auskunftssysteme Schnittstelle zu Dokumentenmanagement- und Controlling-Systemen Fertige Komponenten für schnelle Projektlösungen, Warenkorb, Helpdesk u.a.
Workflow-management	Frei modellierbare serielle Redaktionsprozesse (Definition von Schritten, Fristen, Rollen, Zugriffsrechten auf Objekte)
Zugriffsver-waltung	Direkter Zugriff auf NT-Konten und Gruppen (keine separate Benutzerverwaltung) Lese- und Redaktionsrechte frei definierbar
Publishing Prinzip	Simultanes Staging beliebiger Teilmengen der Webseite (Voraussetzung für dezentrale Redaktion)
Technische Anforde-rungen	Serverplattform: Hardware: Min. 256 MB RAM, mindestens Pentium II 400 MHZ Festplattenbedarf für Datenbank und Software ca. 500 MB Betriebssystem: Windows NT 4.0 Server, Windows 2000 Enterprise Clientplattform: Sämtliche Funktionen werden über Web-Browser (kompatibel zu HTML 3.2) abgewickelt. Für Redaktion Microsoft- oder Netscape Versionen ab 4.0 empfohlen.
Eingesetzte Datenbank	Die Anbindung erfolgt über OLE-DB. Erfolgreicher Einsatz bislang mit Microsoft SYL Server 6.5 und 7.0 und Oracle 8.x
Webserver	Microsoft Internet Information Server 4.0
Referenzen	Daimler Chrylser AG, Mettingen Deutsche Bank AG, Hamburg Hülsta, Stadlohn Johnson & Johnson GmbH; Bad Honnef
URL	http://www.mis-it.de und mis.de

3.1.8 CONTENS professional - Contens Software GmbH

Anwendungs-schwerpunkt	CONTENS ist die Web-Content-Management-Komplettlösung, mit der schnell, komplexe Web-Sites angelegt, aktuelle Seiteninhalte editiert und dynamische Applikationen integriert werden können. Auf Grund der zugrundeliegenden Architektur eignet es sich für die Umsetzung von umfangreichen Internetauftritten, leistungsfähigen Intranets, kundenorientierten Extranets und komplexen Web-Portals. Es ist ein modulares, skalierbares und offenes Web-Content-Management-System für die professionelle Verwaltung von Internets, Intranets oder Extranets. Und richtet sich in erster Linie an mittelständische Unternehmen. Offene Standards ermöglichen nahezu in jede Richtung eine Erweiterung und eine Integration in andere Systeme.
Sonstige Angaben	Mit der Banner Rotation lassen sich alle Werbebanner einer Web-Site zentral verwalten. Einfaches Verwalten und Kategorisieren auch umfangreicher Bildbestände erlaubt das Modul Bilddatenbank. Durch die Detailsuche werden auch Inhalte gefunden, die über dynamische Datenbank-Applikationen auf den Webseiten angezeigt werden. Die Dokumentendatenbank bietet eine umfassende Verwaltung von Dokumenten, die auf der Web-Site berechtigten Nutzern zur Verfügung gestellt werden sollen. Im Glossar können Fachbegriffe aus Ihrem spezifischen Umfeld nachgeschlagen werden. Manager Online-Shop-Applikation für kleinere und mittlere Anforderungen.
Workflow-management	Zwischen Nutzern und/oder Nutzergruppen können Workflows definiert werden: Freischaltrechte, Kontroll-/Überarbeitungsrechte oder z. B. der automatische Versand von Meldungen via E-Mail. Für Nutzergruppen und Nutzer kann der Zugriff auf bestimmte Seiten und Seitenbäume genau eingestellt werden. Es wird dabei zwischen Lese-, Schreib-, Lösch-, Design- und Publish-Rechten unterschieden.
Zugriffsverwaltung	Granulare Rechtevergabe: Sie können auf Seiten- oder Verzeichnisebene verschiedene Berechtigungen für Redakteure, Controller und Administratoren einrichten und auf dieser Basis individuelle Freischaltungs-Workflows definieren. Ein persönlicher Desktop mit integriertem Aufgaben-Administrator unterstützt den Kommunikationsfluss zwischen den Redakteuren.
Publishing Prinzip	
Technische Anforderungen	Serverplattform: Plattform Micosoft Windows NT /2000, Sun Solaris (2.5 oder 2.6) Clientplattform: Windows 3.x/95/98/NT/2000, MacOS, Unix, Für Redakteur Browser der 4. Generation
Eingesetzte Datenbank	Alle SQL-fähigen Datenbanken wie Microsoft SQL-Server, Oracle oder Informix
Webserver	Apache, Netscape, IIS 4.0
Referenzen	Brose Fahrzeugteile, Buhl Data Service - Interaktive Wissensplattform, deutsche eislauf-union e.V., Discovery Channel Deutschland, Filmkunst-Musikverlag, GlobeGround, IMH Industrie Management Holding, intervox.deB2B-Plattform, Job Börse München, KirchGruppe
URL	http://www.contens.de

3.1.9 COPS - Cinetic Medientechnik GmbH

Anwendungs-schwerpunkt	Zielgruppe: Zur Pflege von komplexen Internet-Projekten und zur Entwicklung von Online-Diensten/Portalen, virtuellen Filialnetzen und E-Commerce-Lösungen. Weite Teile des Systems werden kundenindividuell angepasst.
Sonstige Angaben	COPS ist kein Produkt, sondern ein flexibles, skalierbares Dienstleistungspaket. COPS umfasst alle benötigten Service- und Systemkomponeneten für den Aufbau und den Betrieb von komplexen Online-Projekten. Community-Funktionen: Management von geschlossenen Benutzergruppen, Personalisierung auf einzelne Benutzer inklusive Benutzerdatenbanken, Newsletter und Diskussionsforen. Programmierbarkeit: individuell erweiterbar durch den Anbieter. Schnittstellen: Zugriff auf externe Datenbanken, offene Im- und Export-Schnittstellen.
Workflow-management	Rollen- und Rechtekonzepte auf verschiedene Inhalte
Zugriffsver-waltung	
Publishing Prinzip	Datenbankgestütztes, templateorientiertes Redaktionssystem. Implementierung, Hosting und Administration erfolgt im High-End Rechenzentrum des Anbieters. Dynamische zeitgesteuerte Seitengenerierung inklusive Navigation und Verlinkung. Zur Recherche stehen Volltextsuche und Verschlagwortung zur Verfügung. Es stehen zahlreiche Systemfunktionen und Web-Anwendungen zur Verfügung.
Technische Anforde-rungen	Serverplattform: Betriebssystem: Linux Clientplattform: Browserbasiertes Frontend für redaktionelle und administrative Aufgaben.
Eingesetzte Datenbank	Oracle und Lotus Notes
Webserver	
Referenzen	WEB.de, das deutsche Internetverzeichnis (http://www.web.de) BASF Aktiengesellschaft (http://www.basf.de) Lastminute.de (http://www.medizin-aktuell.de) VDE Verband der Elektrotechnik Elektronik Informationstechnik e.V. (http://www.vde.de)
URL	http://www.cinetic.de

3.1.10 CoreMedia Publisher - Core Media AG

Anwendungs-schwerpunkt	Ein Content-Management- und Redaktionssystem für Mega-Sites, Portale und Multimediadienste für alle Bereiche der unternehmensübergreifenden Content-Wertschöpfungskette ab: Content Production, Content Management, Content Delivery, Content Syndication. E-Commerce + Content-Management; Intra- und Extranet mit hoher Aktualität. Verteilte Redaktionen mit hohen Anforderungen an den Durchsatz. Cross Media. WWW, SMS, WAP, Flash, Mail, Fax; nachrichtenbasierte Webseiten mit höchster Aktualität, vielen Quellen und Agenturen für die laufende Lieferung und Veredelung von Content, Presseagenturen.
Sonstige Angaben	Die Innovationsstiftung Hamburg fördert die Entwicklung von CoreMedia. Die Deutsche Presse-Agentur ist strategischer Partner bei der Weiterentwicklung von CoreMedia.
Workflow-management	Aktiver, eventbasierter Server mit CORBA API's – Offenheit zur Anbindung von Drittsystemen; 4-Augen-Prinzip / Qualitätssicherung; regelbasierte Erstellung von Linkvorschlägen; zeitgesteuertes Publizieren, Löschen und Archivieren; automatisches Linkmanagement bei der Publikation.
Zugriffsver-waltung	Benutzer, Gruppen (n:m); Rechte: Lesen, Bearbeiten, Freigeben, Publizieren, Löschen, Supervisory. Zuordnungen: Ein Benutzer kann mehreren Gruppen angehören; Rechte können den jeweiligen Gruppen für einzelne Ordner und Dokumente zugeordnet werden. Rechte können in der Hierarchie flexibel redefiniert werden – Mandantenfähigkeit.
Publishing Prinzip	Vollständige Trennung von Produktions- und Publikationsserver mit eigenständigen Datenbanken. Staging als selektiver, kontrollierter Abgleich auf der Applikationsebene. Nutzung von Hash-Verfahren zum schnellen und robusten Abgleich durch Firewalls. Option: Staging der generierten HTML-Seiten (Bäume) per FTP mit selektivem Update, sofern die komplette Site nur als Menge statischer Seiten generiert werden soll.
Technische Anforde-rungen	Serverplattform: Hardware: PC: mind. Pentium II, 350 MHz; 128 MB Hauptspeicher, 4 GB Festplatte; SUN: mind. Enterprise Server 250; 250 MHz Prozessor, 256, Hauptspeicher, 4 GB Festplatte; HP-UX: vergleichbarer Rechner wie bei SUN Clientplattform: Im High-End-Bereich eigene Installation notwendig (Java-Anwendung). Über HTML-Frontend können Eingaben und einfache Operationen erfolgen; Redaktion, Qualitätssicherung und Administration erfolgen am gleichen Frontend. Hardware: mind. PC Pentium II, 300 MHz, 128 MB Hauptspeicher Betriebssystem: Java Plattformen – insbesondere Windows 95/98; Windows NT 4.0, Linux.
Eingesetzte Datenbank	Oracle 7, Oracle 8, Adabas D 10 / 11, IBM DB/2; Anbindung über JDBC. CORBA, Java, Servlets
Webserver	Empfohlener Webserver: Apache – keine funktionalen Einschränkungen bei anderen Servern.
Referenzen	Dpa – Deutsche Presse-Agentur, Bertelsmann T1 New Media Rheinische Post, TU Hamburg – Harburg
URL	http://www.coremedia.com

3.1.11 Discovery Server - Lotus Development

Anwendungs-schwerpunkt	Wissensmanagement und Informationsmanagement von Unternehmensinformationen für große Anbieter. In Verbindung mit dem Wissensportal Lotus K-station ermöglicht die Software, Wissen aus den innerhalb eines Unternehmens vorhandenen Informationen zu generieren.
Sonstige Angaben	
Workflow-management	Systematische Kooperation von einzelnen Mitarbeitern und Teams sowie die gemeinsame Nutzung von Experten-Know-how oder Informationen aus Dokumenten und Datenbanken. Hinter dem Lotus Discovery Server verbirgt sich eine Technologie, die Beziehungen zwischen Personen, Aktivitäten und Inhalten innerhalb eines Unternehmens herstellt. Gleichzeitig werden so genannte Lagepläne erstellt, die Aufschluss über die in einem Unternehmen vorhandenen Informationen geben. Mitarbeiter können mit Hilfe dieser Lagepläne problemlos auf benötigte Informationen zur richtigen Zeit am richtigen Ort zugreifen.
Zugriffsver-waltung	
Publishing Prinzip	
Technische Anforde-rungen	Serverplattform: Lotus K-station Clientplattform: herkömmliche Browser
Eingesetzte Datenbank	
Webserver	
Referenzen	
URL	http://www.lotus.de/

3.1.12 DICE - Novolabs.gmbH

Anwendungs-schwerpunkt	New Generation Intranet Unternehmensweites Wissensmanagement Enterprise Information Portal Virtuelle Arbeitsplätze Externe Spezialistenportals Allgemeine Portal Websites
Sonstige Angaben	DICE besteht aus einer Systemplattform mit Profile- und Policy-Manager sowie einer Reihe von Anwendungsmodulen. Im Standard-Paket enthalten sind Module für Messaging, Scheduling, Taskmanagement, Kontaktmanagement, Dokumentenmanagement, Editor, Kommunikation, Newsagent. Optional erhältlich sind Knowledge-Base, Xzam (Online-Lernsystem), 1:1 Marketingsystem, sowie verschiedene E-Business Module. Über die DICE-API und/oder über die mitgelieferte CORBA-Schnittstelle können auch individuell angefertigte Anwendungen oder Drittanbieter-Software eingebunden werden. Schnittstellen erlauben die Nutzung von z. B. Lotus-Anwendungen oder auch MS Outlook als Frontend.
Workflow-management	Jedes DICE Anwendungsmodul verfügt über einstellbare Benachrichtigungs- und Genehmigungsfunktionen, die von einem im Paket enthaltenen SMTP/POP3 Server ausgeführt werden.
Zugriffsver-waltung	Der DICE Profile & Policy Manager besteht aus einer Kombination aus hierarchisch in einer X.500 Datenbank abgelegten und via LDAP zugänglichem Verzeichnisdienst (statische Benutzerinformationen und Authentizierung nach X.509/SSL), sowie einer objektrelationalen Profildatenbank für dynamische Informationsobjekte. Es lassen sich beliebige Rollen / Benutzergruppen frei definieren und verschachteln.
Publishing Prinzip	Das Publizieren von Inhalten kann an eine Freigabe gebunden werden. Nach Freigabe erfolgt eine automatische Liveschaltung.
Technische Anforde-rungen	Serverplattform: Hardware: Mind. Intel Pentium, 128 MB Hauptspeicher, - Sparc, HP, IBM, RS 6000 Betriebssystem: Microsoft Windows NT /2000, Sun Solaris, IBM AIX, HP-UX, SCO, Linux und weitere UNIX Derivate Clientplattform: Als Frontend dient der Browser, über den sämtliche Systemfunktionen erreichbar sind.
Eingesetzte Datenbank	MySQL (im System enthalten) – wahlweise können zahlreiche Datenbanksysteme (Oracle, Sybase, Informix, SQL Server) verwendet werden, auf der Microsoft Windows NT Plattform via ODBC. Eigene Middleware, Servlets, PHP3; CORBA 2.0-ORB (im Paket enthalten)
Webserver	Es werden alle gängigen Webserver unterstützt; empfohlen und im Installationspaket enthalten ist der Apache Webserver.
Referenzen	Techem AG Chemische Werke Röhm Degussa-Hüls AG Euregio Rhein-Waal
URL	http://www.novolabs.de

3.1.13 DOMIS - EDM Software AG

Anwendungsschwerpunkt	Content-Management-System für Web-Auftritte im Internet und unternehmenseigene Intranets bzw. von Extranets in geschlossenen Benutzergruppen. Es wird auch Cross Media Publishing geboten. ERP-Systeme wie SAP R/3 zu integrieren und Kommunikation via SMS und WAP einzubinden. Die Architektur stellt mit ihrer Clusterfähigkeit und der Instanzenbildung eine Grundlage für den Produktionsbetrieb dar.
Sonstige Angaben	Es können beliebige Shoplösungen in die Web-Oberfläche integriert werden. EDM bietet in diesem Zusammenhang einen eigenen Online-Shop auf Basis von Lotus Notes/ Domino an; Import bestehender Websites in DOMIS im HTML- Format; Abonnementsfunktionen für Content mit integrierter E-Mail-Benachrichtigung; News – Ticker, Einbindung von Tickerfunktionen in Websites für aktuelle News; Application Service Providing – Innerhalb der Teamwork-Gruppe ermöglicht EDM die Auslagerung des Betriebs von DOMIS und das Hosten des Contents im Rahmen von ASP.
Workflowmanagement	DOMIS unterstützt den Web-Administrator bei der Definition des Workflow zwischen den Verantwortlichen und stellt dessen Einhaltung sicher. Alle an einer Site vorgenommenen Änderungen sind nicht sofort öffentlich sichtbar. Bevor die neu erstellten oder bearbeiteten Inhalte im Internet/Intranet/Extranet sichtbar sind, müssen sie zuerst „veröffentlicht" werden.
Zugriffsverwaltung	Im mehrstufigen Benutzer- und Rechteverwaltungssystem können die Berechtigungen für jeden Benutzer global für ganze Sites oder lokal für Zweige von Sites bis herab zu einzelnen Inhaltselementen festgelegt werden. Eine horizontale Rechtevergabe sorgt für die fachliche Trennung. Es gibt vier Rollen: „Autoren" erfassen und pflegen Daten für das Web. „Freigeber" prüfen fertig gestellte Dokumente und geben sie frei. „Web-Administrator" kann als Einziger die Rechtestruktur und die Gestaltung manipulieren. „Archivar" archiviert Dokumente, deren Veröffentlichkeitszeitraum abgelaufen ist.
Publishing Prinzip	Über einen Staging-Prozess werden die für das Publizieren freigegebenen Seiten vom Entwicklungssystem i. d. R. zeitgesteuert auf einen Webserver übertragen. DOMIS unterstützt sowohl Staging als auch ein Live Server Konzept. Im Gegensatz zu statischen Web-Auftritten wird eine Seite erst zum Zeitpunkt des Aufrufes dynamisch erzeugt (On the fly).
Technische Anforderungen	Serverplattform: Jedes Betriebssystem, auf dem Lotus Domino 5.03 oder höher läuft (z. B. Windows NT, Windows 2000, Linux, OS 390, Solaris) Clientplattform: Web Browser (Internet Explorer ab Version 3.x bzw. Netscape ab Version 3.x) oder alternativ mit einem Notes Client (Version 5.0 oder höher). Für die Web-Administratoren ist ein Notes Client notwendig (ab Version 4 über die o.g. Web Browser). DOMIS enthält Java-Komponenten.
Eingesetzte Datenbank	DOMIS verwaltet Design und Content in Lotus Notes Datenbanken. Über Schnittstellen kann auf folgende Systeme zugegriffen werden: ODBC-Datenquellen, JDBC-Datenquellen, XML-Datenquellen, ERP-Systeme (SAP) Lotus Domino
Webserver	Lotus Domino Webserver ab 5.03
Referenzen	Abfallentsorgungs- und Stadtreinigungsbetrieb der Stadt Paderborn (http://www.asp-paderborn.de) Kassenzahnärztliche Vereinigung Hessen (http://www.kzvh.de) TNT Express GmbH (www.tnt.de); Viterra AG (http://www.viterra.de)
URL	http://www.edm.de

3.1.14 DocMe - Arago Institut GmbH

Anwendungs-schwerpunkt	Information Modelling Versorgung verschiedener Anwendungen aus einem Informationspool Wissensmanagement Informationsweiterverwendung Content Management
Sonstige Angaben	Arago stellt zwei komplett konfigurierte Demosysteme unter http://finance.arago.de und http://research.arago.de zur Verfügung.
Workflow-management	Freigabe, Redaktion und QS sowie Pre-Production Services sind pro Klasse und Zielsystem möglich. Einbindung in Standard Workflow Mechanismen ab Version 3.0
Zugriffsver-waltung	Vorgegebene Rollen: Autor, Redakteur, Administrator. Rechte: sehr granular pro Klasse und Server vergebbar. Administration in DocMe selbst oder per LDAP-Server / Directory Server; getestet mit Netscape Directory Server, Microsoft Active Directory, Open LDAP
Publishing Prinzip	Staging kann, muss aber nicht definiert werden; Freigabeverfahren sind mit „4 oder mehr Augen"-Prinzipien und mehrfach pro Dokumentenklasse definierbar.
Technische Anforde-rungen	Serverplattform: SUN Solaris ab 2.5.1, SGI IRIX ab 6.2, HP HP-UX ab 10.20, Linux ab Kernel 2.x, glibc, IBM AIX ab V, MS Windows 2000, MS Windows NT 4.0 Clientplattform: Sowohl eigener Client als auch Steuerung über Browser möglich. Browser-Clients sind ein CGI Baukasten, der komplett individualisierte Interfaces ermöglicht. Betriebssystem: MS Windows 95/98, MS Windows NT 4.0, MS Windows 2000
Eingesetzte Datenbank	Version 2.8 DBM Files – direkter Zugriff Version 3.0 Orcale / MySQL / Informix (nur für Verwaltung, Konfiguration, Informationsmanagement)
Webserver	Jeder Webserver, der Daten vom Betriebssystem lesen kann. Erfolgreich getestet mit Netscape FastTrack Server, Netscape Enterprise Server, Apache, Microsoft Internet Information Server, CERN/IBM
Referenzen	Union Investment (http://www.union-investment.de) Münchner Rückversicherungen HpyoVereinsbank Dresdner Bank AG (http://www.dresdnerbank.com)
URL	http://www.arago.de

3.1.15 Documentum 4i eBusiness Edition - Documentum, Inc

Anwendungs-schwerpunkt	Dokumentenmanagement-System- und Content-Management-Lösungen zur Unterstützung von E-Business-Applikationen (Identifikation und Kategorisierung von Web-Inhalten). Es bietet die Erstellung, Personalisierung, Verwaltung sowie Lieferung von Internet- und Unternehmens-Inhalten. Über eine gemeinsame Unternehmens-Infrastruktur werden die geschäftskritischen Inhalte dynamisch mit Web-Inhalten verbunden, um jegliche E-Business-Initiativen, wie B2B, B2C und B2E zu unterstützen. Für Online Transaktionen, Geschäftsaustausch, Partner- und Lieferanten-Beziehungs-Management Kann mit E-Commerce-Plattformen kombiniert werden. Die Inhalte und Metadaten werden in verschiedenen Sprachen verarbeitet. Cross-Media Publishing: Die erstellten Inhalte werden über beliebige Kanäle bereitgestellt, beispielsweise auf drahtlosen Geräten, Mobiltelefonen, im Web, in gedruckter Form oder auf CDs. Das schließt Kataloge, Faxgeräte, E-Mail, und PDA-Geräte ein.
Sonstige Angaben	XML-basierend, Personalisierung, Automatische Kategorisierung und Klassifizierung, Skalierbare Plattform, offene Standards, Erweiterung um ein Modul für Teams, Lebenszyklusdienste: Eine wichtige Komponente der Automatisierung von Geschäftsprozessen; ermöglichen eine automatische Verwaltung von Dokumenten in allen Phasen (Test, Bearbeitung, Zulassung und Bereitstellung) und gewährleisten gleichzeitig die Sicherheit des Inhalts durch Überwachungslisten und Funktionen zum Auschecken.
Workflow-management	Documentums E-Business Applications optimieren die Zusammenarbeit von Teams und verbessern die Qualität der Ergebnisse durch die Bereitstellung von "Best Practices". Durch Workflows werden die Inhalte durch die Geschäftsvorgänge geleitet, so dass sie in jeder Phase überprüft, zugelassen und auf ihre Sicherheit hin geprüft werden können. Eine benutzerfreundliche Oberfläche mit Drag & Drop-Elementen und Symbolen für typische Workflowaufgaben wie Bearbeiten, Überprüfen und Zulassen vereinfacht die Erstellung von Workflows in Documentum 4i. Documentum 4i enthält vordefinierte Workflow-Vorlagen, damit ohne weitere Vorbereitungen mit der Arbeit begonnen werden kann.
Zugriffsver-waltung	
Publishing Prinzip	Live und Staging Content Delivery
Technische Anforde-rungen	Serverplattform: Windows NT /2000 UNIX Clientplattform: Windows, UNIX
Eingesetzte Datenbank	Oracle
Webserver	Applikations- und E-Commerce-Server: ATG Dynamo, BEA WebLogic, BroadVision One-to-One, IBM WebSphere, Sun iPlanet und CoMergent, IIS 4
Referenzen	Knoll AG, ABB Alstom Power, Roche Holding AG, Nortel Networks
URL	http://www.documentum.de

3.1.16 DynaBase - eBusiness Technologies

(vormals Inso)

Anwendungsschwerpunkt	DynaBase ist ein integriertes Content-Management- und Web-Publishing-System zur Verwaltung und Pflege von großen dynamischen Websites.
Sonstige Angaben	
Workflowmanagement	In DynaBase ist Workflowmanagement integriert. In Verbindung mit der Zugriffsverwaltung, der Möglichkeit der Versionskontrolle und dem Autoren-Management-Mechanismus stellt dies eine Plattform für das Verwalten der Inhalte zwischen dem Autor, dem Designer, dem Entwickler und dem Publisher dar.
Zugriffsverwaltung	Zugriffsrechte werden über den DynaBase Web Manager administriert. Es können Gruppen mit individuellen Zugriffsrechten definiert werden. Natürlich können auch Rechte einzelner User bis auf Tag-Ebene definiert werden.
Publishing Prinzip	Aus dem XML-Repository werden die Webseiten dynamisch generiert und publiziert. Die Inhalte werden separat gehalten und über Templates angezeigt. Dies wird über die DynaBase Dokumentenklassen bzw. die DynaBase Scripting Language gesteuert.
Technische Anforderungen	Serverplattform: Betriebssystem: Microsoft Windows NT/2000, Solaris 2.6 Clientplattform: Betriebssystem: Microsoft Windows 95/98/NT/2000, Solaris 2.6, MacOS 8.1 Für DynaBase stehen drei Clients zur Verfügung: DynaBase Web Manager Pro (javabasiert): Macintosh OS 8.x, Solaris 2.5 und Windows 95/98/NT/2000 DynaBase Web Author (browserbasiert): z. B. Microsoft Internet Explorer 4.0, Netscape Navigator 4.0 DynaBase CLI (Command Line Interface, javabasiert) Sämtliche Funktionalitäten können auch über ein HTML-Frontend und einen Standard Web-Browser genutzt werden.
Eingesetzte Datenbank	ObjectStore (in DynaBase enthalten). Über die ODBC-Schnittstelle lassen sich alle ODBC-fähigen relationalen DBMS an DynaBase anbinden.
Webserver	Netscape Enterprise Server 3.6.2 (unter NT 4.0 oder Solaris 2.6) Microsoft Internet Information Server 4.0 (nur NT)
Referenzen	Which?Online (http://www.which.net) Fidelity International Ltd. (http://www.fidelity.co.uk) Adams, Harkness & Hill (http://www.ahh.com) Dallas Morning News (http://www.dallasnews.com)
URL	http://www.ebt.com

3.1.17 EidonXbase - Eidon GmbH

Anwendungs-schwerpunkt	EidonXbase: WMLbase, SGMLbase, CGMbase. Dokumenten- und Content Management für XML, SGML, CGM sowie beliebiger Dateiformate. Aufbau von Redaktionssystemen für Industrie, Verlage, Krankenhäuser, Softwarehäuser. Web-Authoring und Web-Publishing direkt aus der Datenbank.
Sonstige Angaben	Eidon GmbH bietet seit fast 10 Jahren vom Consulting bis zur Komplettlösung auf eidonXbase Basis alles aus einer Hand. EidonXbase setzt auf eine relationale Datenbank (SQL-RDBMS) auf. EidonXbase ist komplett in Java als Internet 3-Schichten Architektur realisiert. EidonXbase ist als Oracle 8i Integration verfügbar.
Workflow-management	EidonXbase besitzt eine eigene, frei konfigurierbare Workflow-Komponente (Steuerung Dokumentenstatus bezogen)
Zugriffsver-waltung	Benutzer-, Gruppen- Zugriffsrechte frei definierbar.
Publishing Prinzip	
Technische Anforde-rungen	Serverplattform: Hardware: SUN, HP, IBM-kompatible PC – andere auf Anfrage Betriebssystem: Microsoft Windows NT/2000, Unix, Linux – andere auf Anfrage Clientplattform: Hardware: SUN, HP, IBM-kompatible PC – andere auf Anfrage Betriebssystem: Microsoft Windows 95/98/NT/2000, Unix, Linux – andere auf Anfrage oder browserbasiertes Frontend
Eingesetzte Datenbank	Alle SQL-RDBMS über JDBC/ODBC; z.B. Oracle ab Version 7; Microsoft SQL Server ab V6; MS Access etc. Keine Middleware bzw. eidonXbase-eigener Application Server (Java)
Webserver	Beliebig – optimal mit Java Servlet-Möglichkeiten
Referenzen	Hauni Maschinenbau AG Körber AG, Hamburg Rohde + Schwarz, Köln STN Atlas Elektronik GmbH, Bereiche IV-Systeme und Logistik, Bremen
URL	http://www.eidon.de

3.1.18 Eprise Participant Server - Eprise Deutschland GmbH

Anwendungs-schwerpunkt	Kontrollierte Inhalte für unterschiedliche Zielgruppen aufbereitet anbieten. Verteilte Administration von Inhalten gekoppelt mit einem flexiblen Berechtigungswesen. Wartung und Pflege von großen Websites (Konsistenz, Sicherheit, Datenintegrität). Einhalten von Firmenstandards (Layout, Inhalt, Logik).
Sonstige Angaben	
Workflow-management	Workflow Prozesse sind innerhalb des Systems frei konfigurierbar. Es können beliebig viele Benutzer, Rollen im Ablauf mit eingebunden werden. Den jeweiligen Stufen innerhalb des Workflow-Prozesses können unterschiedliche Berechtigungen am Dokument verteilt werden.
Zugriffsver-waltung	Rollen sind im System für jeden Anwendungsfall frei definierbar. Zusätzlich stehen einige vordefinierte Systemgruppen zur Verfügung, mit denen sich auf einfache Weise Serverberechtigungen vergeben lassen. Diese Systemgruppen können ohne Einschränkungen an die Kundenbedürfnisse angepasst werden. Benutzer werden in Eprise definiert und können über einen internen Mechanismus, LDAP oder NTLM authentizifiert werden. Zusätzlich besteht die Möglichkeit, Benutzerprofile dynamisch vom LDAP/NT Server zu laden.
Publishing Prinzip	Eprise Participant Server trennt nicht zwischen Staging oder Live Server. Inhalte werden immer im globalen Datenspeicher angelegt. Hier wird kontrolliert, unter welchen Bedingungen und wann Inhalt publiziert wird.
Technische Anforde-rungen	Serverplattform: Hardware: Intel Pentium III 450 MHz; 512 MB RAM, 5 GB Harddisk, SUN Sparc Ultra Betriebssystem: Windows NT/2000 Server, SUN Solaris Clientplattform: Der Internet Browser ist das einzige Frontend, das von allen Anwendern benötigt wird. Der Browser muss Java, JavaScript und Cookies unterstützen, um ein sinnvolles Arbeiten zu ermöglichen.
Eingesetzte Datenbank	Eprise internes Datenbankschema: Externe Datenbanken: Microsoft SQL Server – ODBC Alle Datenbanken via ODBC Schnittstelle Oracle Server – ODBC/SQL*Net Zum Betreiben des Eprise Participant Server ist kein Middleware Produkt erforderlich. Da Eprise Participant Server keine proprietäre Skriptsprache mitliefert, kann man aber problemlos Standard Application Server nutzen (z. B. IBM Websphere, BEA Weblogic), da sowohl eine Java- als auch eine COM-Schnittstelle verfügbar ist. Zum Anbinden anderer Middleware Produkte kann ebenfalls auf diese Schnittstellen, aber auch auf das voll dokumentierte Datenbankschema zurückgegriffen werden.
Webserver	Microsoft Information Internet Server, Netscape Enterprise Server, Apache
Referenzen	Bausch & Lomb (http://www.bausch.com/visionhome.jsp) Aethna (http://www.aetna.com/index1.htm) Eastman Chemical (http://www.eastman.com/) Sharp Electronics (http://www.dmseries.sharp-usa.com/ndefault.asp)
URL	http://www.eprise.com

3.1.19 HPS 4 - HexMac Software Systems AG

Anwendungs-schwerpunkt	Dynamic Content- und Transaction-Management-Software für E-Commerce- und E-Business-Anwendungen sowie für Internet-Portale in Deutschland. Publishing System mit Cross-Media-Publishing-Fähigkeiten.
Sonstige Angaben	Microsoft Word 2000 als HTML-Content Editor oder HexPad als Nicht-HTML-Content E-ditor (Java Editor), automatische Archivierung in Datenbank. Unterstützt XML. Unterstützte Standards wie XML und Java, um eine hohe Kompatibilität zu gewährleisten. Vorhandene Datenbestände können mühelos integriert werden. Die formatunabhängige Datenhaltung ermöglicht eine Darstellung auf verschiedenen Endgeräten (z. B. Internet, WAP, interaktives TV).
Workflow-management	
Zugriffsverwaltung	Möglichkeit zur Mehrautorennutzung mit frei konfigurierbaren zentralen und dezentralen Funktionsbereichen, durch Systemadministrator frei konfigurierbare Zuordnung für Benutzer nach: Funktionsbereichen, Funktionen, Dateien, Datensätzen und Datenfeldern. Differenzierung der Zugriffskontrolle in allen genannten Systembereichen nach: Lesen, neu anlegen, ändern und löschen. Zugangskontrolle über Passwortsystem und über LDAP
Publishing Prinzip	Live Server
Technische Anforde-rungen	Serverplattform: Hardware: SUN Sparc mit Solaris oder Intel PC mit Linux Sun Sparc: mind. Enterprise 250, 256 MB RAM, 3 x 9 GB Festplatten Intel PC: mind. Pentium II 300 MHz, 256 MB RAM und 3 x 9 GB Festplatten Clientplattform: Hardware: PC oder PowerPC Betriebssystem: Microsoft Windows 95/98/NT/2000, Linux, Sun Solaris; PPC mit MacOS 8.5; browserbasiertes Frontend – Browser ab Version 4.0
Eingesetzte Datenbank	HexBase (Standard Edition) oder Oracle 8i (Enterprise Edition) Java
Webserver	Apache unter SUN Solaris und Linux, Netscape Enterprise unter SUN Solaris; Apache 1.3 wird empfohlen.
Referenzen	Direkt Anlage Bank (http://www.diraba.de) Deutsche Apotheker und Ärztebank (http://www.apobank.de) SAP Magazine (http://www.sapmag.de) FOCUS Online (http://www.focus.de)
URL	http://www.hexmac.com

3.1.20 HyPublisher - ExperTeam AG

Anwendungs-schwerpunkt	Redaktions- und Publikationssystem für Intranet und Internet; Einsatz insbesondere in und für größere Unternehmen mit mehreren redaktionellen Mitarbeitern, hohem redaktionellem Koordinations- und Organisationsbedarf, hohem Aktualisierungsgrad, großen Datenbeständen oder komplexen Strukturen.
Sonstige Angaben	ExperTeam bietet „HyPublisher" nicht als standardisiertes „Produkt" an; als komplette Eigenentwicklung von ExperTeam und im Sinne einer erprobten Kernsoftware ist „HyPublisher" hochgradig konfigurierbar und erweiterbar. „HyPublisher" ist somit in besonderem Maße offen für individuelle Projektanforderungen.
Workflow-management	Frei konfigurierbarer Dokumenten-Workflow für das Redaktionssystem (konfigurierbar: Status, Rollen, Aufgaben, Dokumentgruppen, Rechte)
Zugriffsver-waltung	Frei konfigurierbar auf Benutzer- und Objektebene
Publishing Prinzip	Alternativ mit statischer Variante (zur Publikation in Zyklen) oder dynamischer Variante mit „HyServer" (Zugriff via Browser auf die Datenbank)
Technische Anforde-rungen	Serverplattform: Hardware: mind. 200 MHz, 64 MB RAM, ca. 30 MB Plattenspeicher Betriebssystem: MS Windows NT 2000 Clientplattform: Separate Clientinstallation ist nur für bestimmte Datenbankformate notwendig Betriebssystem: Window 95, Window 98
Eingesetzte Datenbank	IMB DB/2, Informix, Velocis (Raima) und Optisearch (für Offline-Leseservice)
Webserver	Microsoft Internet Information Server mit „HyServer" als Webserver-Erweiterung
Referenzen	Landeskreditbank Baden Würtemberg, Karlsruhe Industrie- und Handelskammer, Düsseldorf R. Haufe Verlag, Freiburg (Offline-Publishing)
URL	http://www.ExperTeam.de

3.1.21 Imperia - Imperia Software Solutions GmbH

Anwendungs-schwerpunkt	Die Imperia Software Solutions GmbH ist ein Content-Management-System-Spezialist für Online-Redaktionssysteme: Redaktionsmanagement, Content Management, Werbemanagement
Sonstige Angaben	Imperia zeichnet sich durch seine Modularität aus, folgende Module sind zusätzlich erhältlich: Werbemanager und IVW Manager Cyber Publisher (Umwandlung von SMS-Nachrichten und Transfer im Redaktionssystem) Forum System Volltextsuche INTERSHOP-Schnittstelle (Anbindung an INTERSHOP E-Commerce Systeme) Redaktionstool Statistikmodul
Workflow-management	Imperia wurde anwenderorientiert in Zusammenarbeit mit Online-Redakteuren von Burda, Pro 7 und Health Online entwickelt – an den redaktionellen Workflow angepasst und einfach in den Redaktionsablauf integrierbar.
Zugriffsverwaltung	Benutzer- und Gruppenrechte sind über eine intuitive Administrator- Oberfläche frei definierbar. LDAP-Anbindung
Publishing Prinzip	Staging Server und Live Server
Technische Anforderungen	Serverplattform: Hardware: Intel PC, DEC Alpha, SUN, HP Betriebssystem: Microsoft Windows 95, 98, Windows NT/2000, Linux, Solaris, UNIX, DEC, alle gängigen UNIX Derivate Clientplattform: Der Web Browser dient als Frontend und ist daher hardware- und betriebssystem-unabhängig. Funktioniert auch mit Handheld Devices wie Palmtops auf Windows CE, Palm OS, EPOC 32 etc. und Smartphones
Eingesetzte Datenbank	Imperia unterstützt alle SQL-Datenbanken über eine eigene SQL-Schnittstellen, also Oracle, Informix, Sybase, MySQL, Microsoft SQL-Server sowie Microsoft Access – außerdem Adabas, MySQL und eine eigene datenbanklose, File-System-basierte Emulation
Webserver	Apache, Microsoft Information Server, Netscape Enterprise Server, Rapidsite, WebSitePro, Thttdp, Stronghold, Webstar, zeus, NCSA
Referenzen	Pro Sieben AG ZDF online ADAC Deutsche Bahn AG
URL	http://www.imperia.de

3.1.22 In4meta - PC-Ware Information Technologie AG

Anwendungs-schwerpunkt	Redaktions- und Publikationsanwendung, Dokumentenmanagement. Bearbeitung direkt im Browser; absolutes „Look and Feel"; automatische Navigation im Explorer-Stil, flexibel integrierbar in vorhandene Web-Layouts. Keine Installation von Clientsoftware – kein Projekt-Rollout auf Clientrechnern. Kontrollstukturen flexibel in jede Unternehmenshierarchie integrierbar. Vollständige Integration von Windows NT-Domäne; differenzierte Vergabe von Edit- und Viewberechtigungen für NT-Gruppen und –Benutzer; vollständiges Logging von Benutzer- und Systemereignissen. Einfache Benutzeradministration durch Einbindung in vorhandene Netzwerksicherheit. Berechtigungsvergabe auf Dokument- und Element-Ebene. Leistungsfähiger Kategorie-Mechanismus für die automatische Verlinkung von Dokumenten. Dynamische Integration von Exchange-Inhalten möglich. Modulare Skalierbarkeit der Funktionalität durch Andocken zusätzlicher in4meta DLL-Powerobjekte.
Sonstige Angaben	Die Produktlinie in4meta ist in eine Standard und eine Professional Edition gegliedert.
Workflow-management	Frei definierbarer, mehrstufiger Workflow. Durch das Festlegen von Kontrollpersonen mit definierbarem Freigabelevel ist der Aufbau eines komplexen Workflows möglich. Umfangreiche Kontrollmechanismen und Mailbenachrichtigungen unterstützen diesen Prozess.
Zugriffsver-waltung	Benutzer und Gruppen. Als Standard wird Integration in Windows NT-Domäne benutzt (vorgegeben durch NT-Benutzerverwaltung minimaler Pflegeaufwand). Alternativ sind eine datenbankbasierende Benutzerverwaltung, der Zugriff auf NDS4NT und verschiedene Speziallösungen verfügbar. Andere Benutzerverwaltungen sind auf Anfrage möglich.
Publishing Prinzip	Staging Server und Live Server. Beim Einsatz eines Staging Servers ist das Publizieren auf beliebige Webserver möglich. Dynamische Komponenten (Datenbankanbindung, Viewberechtigungen, serverbasierende Mailformulare) benötigen einen installierten in4meta-Server auf dem Live-Server.
Technische Anforde-rungen	Serverplattform: Hardware: mind. Pentium 350 MHz, 128 MB RAM, 100 MB freier Festplattenspeicher Betriebssystem: Microsoft Windows NT/2000 Clientplattform: Der Browser dient durchgängig als Frontend für alle bearbeitenden und administrativen Funktionen. Volle Funktionalität mit dem Internet Explorer ab Version 4.01. Betriebssystem: beliebig
Eingesetzte Datenbank	Microsoft SQL Server 6.5 / 7.0. Weitere relationale DBMS auf Anfrage. Für Anzeige von Daten über das in4meta Datenbankobjekt können beliebige ODBC-Datenquellen benutzt werden. Microsoft Transaction Server
Webserver	Microsoft Internet Information Server 4.0
Referenzen	Stadwerke Leipzig ROSB (http://www.rosb.de) Stratos Holding AB (http://wwwstratos-gruppe.de)
URL	http://www.pc-ware.de

3.1.23 Incca - inccaGmbH

Anwendungs-schwerpunkt	Publikationssystem
Sonstige Angaben	
Workflowmanagement	Typische Prozesse wie Redaktion, Qualitätssicherung und Produktion werden unterstützt.
Zugriffsverwaltung	Gruppen, Rollen und Rechte sind frei definierbar
Publishing Prinzip	Mischform
Technische Anforderungen	Serverplattform: Betriebssystem: Microsoft Windows NT/2000 Clientplattform: Microsoft Internet Explorer 5 dient als Browser-Frontend für Redaktion/QS/Produktion/Administration
Eingesetzte Datenbank	MS SQL Server, Oracle; über ODBC-Schnittstelle
Webserver	Microsoft Internet Information Server 4.0
Referenzen	Schober Direct Marketing GmbH, Stuttgart (http://www.schober.de) weinforum.net (http://www.weinforum.net) A-Plus Personaldienstleistung GmbH (http://www.a-plus-gmbh.de)
URL	http://www.incca.com

3.1.24 Information Server - Hyperwave AG

Anwendungs-schwerpunkt	Hyperwave Information Server (HIS): Knowledge-Management-System und Information Management-System
Sonstige Angaben	Erweiterung Hyperwave eLearning Suite für Web Based Training sowie Hyperwave Information Portal für Portal-Lösungen Modulares System
Workflow-management	Lineares Freigabesystem; die Prozesse Redaktion, Qualitätssicherung und Produktion werden unterstützt; der Workflow ist optional anpassbar.
Zugriffsverwal tung	Benutzer und Gruppen über Rechte-Wizzard; Optionale Anbindung von Benutzerverwaltung über LDAP, CGI, NT Directorys
Publishing Prinzip	Live Server
Technische Anforde-rungen	Serverplattform Windows 2000, NT 4.0; COMPAQ True64; HP-UX 10.20; IBM AIX 4.3; Linux 2.0x; SUN Solaris 2.5.1 Clientplattform: Windows 2000, NT 4.0; COMPAQ True64; HP-UX 10.20; IBM AIX 4.3; Linux 2.0x; SUN Solaris 2.5.1
Eingesetzte Datenbank	Eigene Datenbank sowie Unterstützung von Oracle 8/8i, ab Version 6.x zusätzlich MS SQL Server.
Webserver	In sämtlichen HIS-Produkten ist bereits ein HTTP-Server integriert.
Referenzen	Bank Austria/Creditanstalt-Gruppe; BMW AG; DLR; EADS-M; FAG Kugelfischer AG Helaba; LBS Bayern; McCann-Erickson; Siemens AG, Siemens Medizintechnik, Fujitsu Siemens Computers; Telekom Austria; Universal Music International
URL	http://www.hyperwave.com

3.1.25 InfoSite - Sitepark Informationsmanagement GmbH

Anwendungs-schwerpunkt	Publishingsystem für mittlere und große Informationsangebote in Intra- und Internet, Portalsysteme, regionale Informationssysteme, B2B Websites, Serviceangebote, gruppenpersonalisierte Systeme, Filialistensysteme. Application Service Providing für kleinere Unternehmen und Organisationen.
Sonstige Angaben	Schlagwortbasierte Informationsbeschreibung, interne Linkverwaltung, mehrsprachige Nutzeroberfläche, Informationsbeschreibung über Verschlagwortung, XML-basierte Template-Programmierung, XML-Export von Daten möglich, Publikation von WAP-Seiten möglich. Schnittstellen: Interne oder externe Subsysteme sind leicht als feste Bestandteile oder Container integrierbar. Portale: Mit dem Portal-Aufsatz können die Inhalte mehrerer unabhängiger Systeme zentral verwaltet werden. Skalierbarkeit: Datenbankserver, Redaktionsserver und Publikationsserver können skaliert werden.
Workflow-management	Jedem inhaltlichen Verantwortungsbereich kann ein Chefredakteur/Qualitätssicherer zugewiesen werden. Unterliegt ein Mitarbeiter der Qualitätssicherung, so werden die durch ihn neu oder verändert eingestellten Informationen zunächst vorgelegt und erst nach Bestätigung des Hauptverantwortlichen freigeschaltet.
Zugriffsver-waltung	Verantwortlichkeiten für Contentbereiche werden grundsätzlich in Gruppen organisiert. Innerhalb der Gruppe sind die Rechte der einzelnen Mitarbeiter fein abzustufen. Chefredakteure können für jede Gruppe definiert werden. Folgende Rollen sind definiert: Mitarbeiter/Redakteur, Gruppenverantwortlicher/Chefredakteur, Content Manager, Layout-/Template-/Schnittstellenverantwortlicher und Teilbereichs- und Gesamtadministrator. Diese können nochmals fein abgestuft werden.
Publishing Prinzip	Das aufgebaute Informationsangebot wird unmittelbar dann aktualisiert, wenn eine neue Information eingestellt, freigeschaltet oder auf Grund eines zeitlichen Schalters gültig wird. In gleicher Weise werden Information und sämtliche davon betroffenen Verlinkungen unmittelbar entfernt, sobald ein zeitlich vorgegebenes Ablaufdatum erreicht oder die Information gesperrt wird. Der Informationsabruf durch den Nutzer erfolgt in der Regel über statische Seiten (geringe Systembelastung, cachebar, spiegelbar). Bei Bedarf kann auch der Live-Zugriff für individuelle Informationsabfragen ermöglicht werden. Information, die nicht vom Redakteur selbst freigeschaltet werden kann, verbleibt bis zur Freigabe durch den Chefredakteur im Staging-Status.
Technische Anforde-rungen	Serverplattform: Hardware: mind. 256 MB RAM, SCSII und RAID Festplattensysteme (empfohlen) Betriebssystem: Linux, Sun Solaris, HP-UX, Windows NT Server 4.0, Windows 2000 Clientplattform: Browserbasiertes Frontend für redaktionelle und administrative Aufgaben. Verwendet werden kann der Internet Explorer oder der Netscape Navigator.
Eingesetzte Datenbank	Oracle, Sybase, Informix und IBM DB/2 können nativ oder über ODBC angebunden werden. MySQL, Microsoft SQL Server oder Access können über ODBC angebunden werden. Weitere Datenbanken können über ODBC und zukünftig auch über JDBC angebunden werden. ColdFusion Application Server, zukünftig JRun (Java Applikation Server). COM, CORBA, JAVA Anbindung möglich.
Webserver	Apache Webserver (empfohlen); Netscape Suite Spot; Microsoft Internet Information Server.
Referenzen	Stadt Hannover Presseserver (http://www.presse-hannover.de) Stadtwerke Münster GmbH (http://www.stadtwerke-muenster.de)
URL	http://www.sitepark.de

3.1.26 Ingentum - mediascope GmbH

Anwendungs-schwerpunkt	Content Management Wissensmanagement Intra- und Internet Publikation
Sonstige Angaben	
Workflow-management	
Zugriffsver-waltung	Fünf Systemgruppen sind vorgegeben (5 Rollen) und weitere Gruppen können von diesen Rollen abgeleitet werden.
Publishing Prinzip	Staging und Live Server
Technische Anforde-rungen	Serverplattform: Hardware: 700 MHz, 512 MB RAM Betriebssystem: Windows NT /2000 Clientplattform: Hardware: 650 MHz, 128 MB RAM Webbrowser-basierte Java-Applikation
Eingesetzte Datenbank	Tamino – Anbindung externer Datenbanken möglich (Mapping) Java 1.3
Webserver	Apache; Microsoft Internet Information Server
Referenzen	Software-Einführung am 01.09.2000. Referenzen auf Anfrage
URL	http://www.mediascope.de

3.1.27 inSITE - Sicom Informatik Software & Systeme GmbH

Anwendungs-schwerpunkt	Publikationssysstem für Internet, Intranet von Informations- und E-Business-Lösungen. Print, Cross Media über verschiedene Online- und Offline-Medien. Spezialität inSITE mediaServer für Cross Media Publishing. SGML Ausgabe.
Sonstige Angaben	Integration bestehender Datenbanken und Business-Anwendungen. Ab Version 2 wird inSITE noch flexibler: inSITE besitzt die serverseitige Skriptsprache ISScript, die an den neuen Standard JSP (Java Server Pages) angelehnt ist. Weitere neue Funktionen in der Version 2: Beschleunigung der Seitenausgabe/verbessertes Caching, dokumentübergreifendes Suchen/Ersetzen in allen Client-Programmen, Volltextsuche im Internet/Intranet, Print-on-demand, inSITE sessionManagement, ODBC-Schnittstelle, erweiterte Programmier-API u. a.
Workflow-management	Definition von Chefredakteuren, Freigabe von Inhalten von Chefredakteuren, Definition der Freigabepflicht auf Redakteurs- und Bereichsebene
Zugriffsver-waltung	Beliebige Anzahl Redakteure und Chefredakteure mit differenzierter Rechtevergabe. Frei definierbar.
Publishing Prinzip	Staging (ohne inSITE Server) und/oder Live Server (nur mit inSITE Server)
Technische Anforde-rungen	Serverplattform: Betriebssystem: Microsoft Windows NT/2000 Clientplattform: Betriebssystem: Microsoft Windows 95, 98, Window NT/2000; Mind. Microsoft Internet Explorer 4.0
Eingesetzte Datenbank	Eigene Datenbank, andere relationale Datenbanken über ODBC-Schnittstelle InSITE Server
Webserver	Ohne inSITE Server: keine Beschränkungen auf bestimmte Web-Server oder Betriebssysteme. Mit inSITE Server: Microsoft Internet Information Server ab 2.0, Netscape Enterprise Server ab 2.x
Referenzen	Fachhochschule Frankfurt, Hessische Multimediainitiative SGZ-Bank AG Universität Heidelberg (Internet und Print) WSF Wirtschaftsseminare, Frankfurt (http://www.wirtschftsseminare.de)
URL	http://www.sicom.de

3.1.28 InterNews 2000 - Media Artists AG

Anwendungs-schwerpunkt	Das Information-Management-System bietet Content Management für mittelständische und große Unternehmen aller Branchen. Es lassen sich dynamische und personalisierbare E-Business-Anwendungen im Inter-, Intra- und Extranet in kurzer Zeit erstellen, komfortabel pflegen und verwalten sowie stufenlos ausbauen. Es basiert auf einem integrativen Produktansatz und deckt vier der wichtigsten Funktionalitätsbereiche ab: So erweitert das Information-Management-System (IMS) den Leistungsumfang herkömmlicher Content-Management-Systeme (CMS) zur softwarebasierten Verwaltung digitaler Inhalte um Zusatzfunktionalitäten zur interaktiven Kommunikation über Business Communities und Abwicklung elektronischen Handels (E-Commerce). Zugleich personalisiert es das gesamte Online-Angebot nach den Interessen der Kunden.
Sonstige Angaben	Es bietet drei Editionen: Standard, Professional und Enterprise. Die Editionen sind für wachsende Kundenansprüche im E-Business ausgelegt.
Workflow-management	Es ermöglicht effizientes Workflow-Management bei der Erstellung und Freigabe von Informationen von Web-Anwendungen. Der Workflow lässt sich entsprechend der unternehmensinternen Arbeitsprozesse für einzelne Verantwortungsbereiche definieren und mehrstufig konfigurieren. Somit können alle Informationen der Web-Anwendung, die einen Workflow durchlaufen müssen, übersichtlich und Zeit sparend verwaltet werden. Workflow-Mangement umfasst im Einzelnen: Definition von Benutzern bzw. Benutzergruppen und deren Zugriffsrechten Definition von Freigabelevels (Die insgesamt sieben Stufen reichen von „In Arbeit" bis hin zu „Freigegeben" und dokumentieren den Weg jeder Information von der Erfassung bis hin zur webseitigen Veröffentlichung.) Definition von Ordnern für die Verwaltung von Freigaberechten der Benutzer und Benutzergruppen für Informationen der Webanwendung.
Zugriffsver-waltung	Es unterstützt die Verwaltung frei definierbarer Benutzer bzw. Benutzergruppen über Smart Access. Dieses flexible Zugriffsrechtekonzept ist auf die Anforderungen von Netzwerk-Betriebssystemen wie Windows NT/2000 abgestimmt und ermöglicht eine komfortable Benutzerauthentifizierung („Single Log On"). Es übernimmt die Einstellungen LDAP- und Active Directory-fähiger Benutzerverwaltungen von Drittsystemen und integriert sie in sein globales Rechtesystem.
Publishing Prinzip	Es unterstützt Staging- wie Live Server-basiertes Publizieren. Weiter können Integrations- und Testumgebungen integriert werden.
Technische Anforde-rungen	Serverplattform: Hardware: jede Hardware, die das Betriebssystem Windows 2000 oder Windows NT unterstützt. Betriebssystem: Windows 2000 Server oder Windows NT 4.0 Clientplattform: Windows 98, ME, 2000, NT, Mac OS X
Eingesetzte Datenbank	Microsoft SQL Server 2000
Webserver	Microsoft Internet Information Server 4/5
Referenzen	F.A.Z. Electronic Media GmbH (www.faz.net) TÜV Informatik Service GmbH (www.autocert.de) Hanser Verlag (www.derzuliefermarkt.de; www.qm-infocenter.de) RP Medsystems AG (www.handicaplife.de) MagazineContent AG (www.magazinecontent.com)
URL	Http://www.m-a.com

3.1.29 InterRed - Interred

Anwendungs-schwerpunkt	Management komplexer Internetauftritte und Portale im Internet, Intranet und Extranet. Einfache Umsetzung multilingualer Webauftritte. Umfangreiche Community-Funktionalitäten (Chat, Foren, etc.). Websites im Hochlastbereich (20 Mio. PI und mehr)
Sonstige Angaben	Pflege multipler Websites aus einem System, mit Mehrfachnutzung vorhandenen Contents mit potenziell unterschiedlichem Look & Feel; Content-Syndication; Datenbankgestützte Suche nach allen Inhalten, Volltextsuche Live-Reporting Tool liefert umfangreiche Statistiken zur Website live ! InterRed ist in zwei Versionen erhältlich. Die Internet-Version ist auf die Belange des Internetauftrittes optimiert. Die Portal-Edition InterRed PE ist optimal auf den Betrieb von Intra- und Extranet Lösungen ausgerichtet.
Workflow-management	Standardvorgabe ist fünfstufiges Workflow-System, einfache Modifikation und Definition von beliebig vielen Workflow-Stufen über den Workflow-Designer. Der Workflow wird durch ein integriertes Messaging-System unterstützt.
Zugriffsver-waltung	InterRed unterstützt die freie Definition von Gruppen. Für Gruppen können grundsätzlich die gleichen Rechte wie für Benutzer vergeben werden. Des weiteren kann aus einem Benutzerprofil einer Gruppe abgeleitet werden. Rechte können auf Subjekt- und Objektebene kopiert werden. InterRed besitzt ein vierdimensionales Rechtesystem. Jeder Mitarbeiter und jede Gruppe (1. Dimension) erhalten für jede Beitragsart (2. Dimension) und für jede Workflow-Stufe dieser Beitragsart (3. Dimension) eine genaue Rechtedefintion (4. Dimension) für eigene und fremde Beiträge. Diese Rechte werden vom Administrator vergeben; hiermit wird geregelt, welche Mitarbeiter mit welchen Beiträgen wie verfahren dürfen.
Publishing Prinzip	Mit der Content Deliver Technologie (CDT) optimiert InterRed alle Faktoren rund um den Publishingbereich. Eine intelligente Engine publiziert nur neuen und veränderten Content. Hocheffektive Datenkompressionsverfahren reduzieren die Menge der übertragenen Daten um bis zu 90 %. Ein neu entwickeltes IntelliCache-Verfahren beschleunigt Zugriffe auf dynamische Elemente.
Technische Anforde-rungen	Serverplattform: Hardware: mind. Pentium III 600 MHz, 256 MB Arbeitsspeicher, RAID-Controller UW-SCSII, 2 + 9 GB UW-Festplatten Betriebssystem: Linux (SuSe, Redhat etc.) mit Perl ab Version 5.005 Clientplattform: Beliebig; lediglich javascriptfähiger Browser (z. B. Microsoft Internet Explorer oder Netscape Communicator 4.x) erforderlich. Für Redakteure und Administratoren alles browserbasiert.
Eingesetzte Datenbank	MySQL (web-optimierte Datenbank) Auf Daten beliebiger, ODBC- bzw. JDBC-fähiger DBMS kann über das InterRed-DB-Plugin zugegriffen werden. Diese Daten können in die InterRed–Templates eingebunden und publiziert werden. DBI / DBD
Webserver	Für den Betrieb des browserbasierten Systems InterRed wird Apache ab Version 1.25 benötigt. Die Publikation des verwalteten Contents ist (per FTP-Schnittstelle) auf beliebige Web Server möglich. Die Verwaltung der geschlossenen Benutzergruppe wird derzeit nur für Apache unterstützt.
Referenzen	Chip Online International GmbH (www.chip.de); Deutsche Shell (www.shell-helix.de) Aktion Mensch (www.einfach-fuer-alle.de); Trusted Shops (www.trusted-shops.de) Vogel Verlag, Würzburg (Konzenrnweites Intranet) Basler Vision Technologies, Hamburg (Konzernweites Intranet)
URL	http://www.interred.de

3.1.30 iRacer - Herrlich & Ramuschkat

Anwendungs-schwerpunkt	Content-Management-System für den Inter- und Intranet-Markt. Volldynamisches, datenban-basierendes Redaktionssystem. Einsatz für Web-Portale, Dokumentenmanagement. Mehrsprachigkeit.
Sonstige Angaben	Personalisierung WAP- und XML-fähig Asset-Manager zur Einbindung von Videos, Grafiken oder Textdateien Module: E-Mail Client, Forum, Voting-Modul, Banner-User Tracking Integrierte Verity97-Suchmaschine Import von Daten aus Winword, Excel, Power Point etc. Automatische Versionierung von Beiträgen Unbegrenzt skalierbar
Workflow-management	Workflowmanagement (z. B. Rechtezuweisung nach Gruppen und Rollen, 4-Augen Prinzip bei der Freigabe von Beiträgen, etc.)
Zugriffsver-waltung	Zugriffsstatistik
Publishing Prinzip	
Technische Anforde-rungen	Serverplattform: Windows NT/2000, HP-UX, SUN Solaris und LINUX. Clientplattform: Alle Browser ab Generation 4
Eingesetzte Datenbank	Datenbankzugriff erfolgt über ODBC oder native (Oracle/Sybase). Ergänzung mit Mediendatenbank
Webserver	
Referenzen	Volkswagen AG, Varta Autobatterie, Citrix Systems GmbH , BEB Erdgas und Erdöl GmbH , Unilever/Langnese-Iglo, Reemtsma GmbH , faurecia Sitztechnik GmbH & Co Ascena Internet Solutions GmbH (www.career4you.de) Hewlett-Packard GmbH (www.hp-es-businessletter.de) web(admission GmbH (www.hochzeitstage.de)
URL	www.Iracer.de

3.1.31 Mediasurface - Mediasurface GmbH

Anwendungsschwerpunkt	Standardapplikationen für alle Bereiche des Content Managements. E-Business-Modelle – Internet, Intranet und Extranet; Aufbereitung parallel für alle digitalen Kanäle (WWW, WAP, TV). Anwendung auch für Application Service Provider und Dokumenten Management.
Sonstige Angaben	Durch Trennung von Inhalt, Gestaltung, Struktur und Nutzer kann jeder, der über die entsprechenden Rechte verfügt, Inhalte publizieren. Die Bereitstellung der Inhalte in die Datenbank kann per E-Mail, MS Word-Dokument, etc. erfolgen. Es werden von den Anwendern keine speziellen Kenntnisse abverlangt. Design, Vorlagen, Layout, etc. werden durch Marketing, Designer oder die Werbeagentur bereitgestellt. Somit kann sich jeder auf seine Kernkompetenzen konzentrieren. Es entstehen keine überflüssigen Reibungsverluste. Server mit fertiger, einsatzoptimierter Standard-Datenbank; Trennung von Inhalt, Gestaltung, Ansicht und Zugriffsrechten; Automatisierter Import externer Quellen (MS-Word, E-Mails, Quark ...) und automatische HTML-Aufbereitung; Relationale ein- und zweidimensionale Links, Standard-Links durch Templates, Link-Überwachung; Manuelles und automatisiertes Reporting: SMS, File, E-Mail, Ausdruck etc.; Zugriffsrechte in Gruppen, Untergruppen und überlappenden Gruppen, frei oder passwortgesteuert.
Workflowmanagement	Workflow-Management für die Gestaltung, Schreiben, Kontrolle, sign-off-live, Administration, einstellbare Versionshaltung. Mediasurface wurde unter den Gesichtspunkten einer Business Application mit Fokus auf Change Management entwickelt. Workflows werden für alle Berichte abgebildet, z. B. Lebenszyklus Management, Eskalationen, Genehmigungsprozesse, Reporting etc. Das Reporting kann sowohl manuell als auch automatisiert via SMS, File, E-Mail, Ausdruck etc. erfolgen.
Zugriffsverwaltung	Gruppen, Rollen und Rechte sind frei definierbar. Profile werden Gruppen oder Personen zugeordnet. Jede Seite wird individuell (customized) für die Gruppen bzw. Personen aufgebaut.
Publishing Prinzip	Multiserver Prinzip: Staging Server; Live Server für die dynamische oder statische Lieferung der Inhalte und das Management der Rechte Funktionalitäten, Workflows, etc. Es können mehrere Live Server für spezifische Aufgaben wie Internet, Intranet oder Extranet konfiguriert werden. Jegliche Kombination von Gruppen und Personen in verschiedenen Sprachen ist denkbar.
Technische Anforderungen	Serverplattform: SUN Sparc, Intel, HP Solaris, Redhat Linux, HP UX (Windows NT/2000) Clientplattform: Plattformunabhängige Benutzeroberfläche (Browser), Java Client
Eingesetzte Datenbank	Oracle (8.0.5/8.0.6), (8i ab Q4 2000) Die Datenbank ist in die Lösung integriert. Die Anbindung an andere Datenbanken erfolgt via ODBC. Java und Perl API's; Perl basierende Funktionen (Wrapper)
Webserver	Apache, Squib als WEB Beschleuniger
Referenzen	Reuter, World Wrestling Federation, UBS Dresdner, Kleinwort, Benson
URL	http://www.mediasurface.com

3.1.32 Mindspan Solutions - IBM

Anwendungs-schwerpunkt	Eine integrierte Lösung für Unternehmen, die E-Learning von der Beratung über das Lerndesign bis hin zur Bereitstellungstechnologie über einen einzigen Anbieter beziehen möchten. Virtuelle Klassenräume maßgeschneidert.
Sonstige Angaben	Neben dem Web können dabei auch andere Multimedia-Technologien wie Satellitenübertragung oder Fernsehen interaktiv genutzt werden. Mitarbeiter können interaktiv und individuell ihre Skills entwickeln. Systemumgebung der Kundeneinbindung: zum Beispiel in existierende ERP- oder Skill-Management-Systeme. Bei der Bereitstellung des Lernsystems entscheidet das Unternehmen schließlich darüber, ob es Outsourcing-Optionen wie die der Hosting Services in Anspruch nimmt.
Workflow-management	CMS an Geschäftsprozesse anpassen und Unternehmensziele unterstützen.
Zugriffsverwaltung	Mindspan Solutions bietet den Mitarbeitern größere Flexibilität, beispielsweise hinsichtlich der Bearbeitungsgeschwindigkeit ihrer Kursmaterialien. Sie können selbst bestimmen, ob sie Lerninhalte lieber kollaborativ in Echtzeit oder unabhängig vom Lehrplan in Eigenregie erarbeiten möchten. Die Kursteilnehmer kommunizieren für die Dauer des Kurses über die Diskussions- und Chatforen ihres virtuellen Klassenzimmers.
Publishing Prinzip	
Technische Anforde-rungen	Serverplattform: Mit Lotus LearningSpace 4.0 als Plattform Clientplattform:
Eingesetzte Datenbank	
Webserver	
Referenzen	
URL	http://www.ibm.com/learning/de

3.1.33 NetObjects Authoring Server Suite - NetObjects Inc.

Anwendungs-schwerpunkt	Website-Entwicklung im Team. Geeignet für Entwicklungsteams auch ohne Programmierkenntnisse. Dadurch können Mitarbeiter ohne große Anlernzeit als Redakteure am Internet, Intranet, Extranet eines Unternehmens mitarbeiten.
Sonstige Angaben	Der NetObjects Authoring Server verfügt zur Webseiten-Entwicklung über einen WYSIWYG Client, der vom Entwickler keine HTML-Kenntnisse fordert. Alternativ können auch Macromedia Dreamweaver oder Microsoft Frontpage als Client für den Authoring Server verwendet werden. Ein spezieller Client für die Konvertierung von Business Documents (Office, Smart Suite, etc.) steht ebenfalls zur Verfügung.
Workflow-management	Beinhaltet Workflow-Modul, mit dem sich Freigabe-Prozesse auf Seitenebenen definieren lassen. Eine Seite, die einem Freigabe Workflow unterliegt, wird nach einer Änderung so lange nicht live gestellt, bis alle im Freigabe-Prozess definierten Mitarbeiter ichre Freigabe erteilt haben. Alternativ kann jederzeit die alte Version der Seite zurückgeholt werden.
Zugriffsver-waltung	Zur Rechteverwaltung kann sowohl die interne Datenbank als auch eine Windows NT-Domäne oder LDAP verwendet werden. Die Rechte lassen sich im NetObjects Authoring Server Administrator definieren. Es kann festgelegt werden, welcher Nutzer welche Funktionen in welchen Webs verwenden kann, indem er den zentralen Zugriff auf Assets, HTML-Seiten, Struktur, Link-Informationen und Benutzerprofile erlaubt – auch für mehrere Sites kontrolliert.
Publishing Prinzip	Staging Server
Technische Anforde-rungen	Serverplattform: Hardware: Pentium III, ab 256 MB RAM, 10 GB Festplatte Betriebssystem: Microsoft Windows NT/2000 Clientplattform: Hardware: mind. Pentium, 32 MB RAM, 100 MB Festplattenspeicher Betriebssystem: Windows 95/98/2000/NT 4.0
Eingesetzte Datenbank	Intern: Sybase SQL Anywhere 6.0; beliebige weitere Datenbanken können für eine dynamische Datenbankanbindung angebunden werden: IBM DB2, Informix, MS SQL Server, Oracle. Außerdem kann die Suite auf die meisten ODBC/JDBC-kompatiblen Datenbanken zugreifen. IBM WebSphere, Allaire ColdFusion, Allaire Jrunnner, Microsoft ASP, Lotus Domino, BEA Weblogic
Webserver	Beliebiger Webserver
Referenzen	Burlington Northern Santa Fe Railway (http://www.bnsf.com/) Gulf Bank Online (http://www.gulfbank-online.com) Lucent Technolgies, Software Solutions Group (http://www.lucent.dk/ssg/html/meet_ssg.html) Weitere Referenzen unter: http://www.netobjects.com/products/html/escustindustry.html
URL	http://www.netobjects.de

3.1.34 NPS 5 - Infopark AG

Anwendungs-schwerpunkt	Highend-Content-Management-System, das sich insbesondere durch seine hohe Skalierbarkeit auszeichnet. Publikation im Internet, Intranet und über Online-Dienste für verschiedene Märkte: Finanzdienstleistungen, Industrie, Medien, Unternehmen, öffentliche Dienstleister und Telekommunikationsunternehmen. Eines der interessantesten Add-ons: Die Billing Service Suite. Über diese Komponenten lassen sich benutzerspezifische Abrechnungsmodelle für kostenpflichtige Inhalte realisieren. Die Suite ermöglicht Pay-per-View- und Pay-per-Click-Berechnung und sieht zeit- und volumenabhängige Abrechnungen vor. Mehrsprachigkeit wird unterstützt.
Sonstige Angaben	Entgegen dem Trend, speziell programmierte Clients für verschiedene Systeme anzubieten, erfolgt die Bedienung und Verwaltung hier über den Web-Browser. Dabei werden keine Javascripts, Plugins oder Java-Programme verwendet. Die gesamte Administration bzw. Redaktion lässt sich über ein bestehendes TCP/IP-Netzwerk vornehmen. Der Zugriff von außerhalb ist dadurch ohne Umstände möglich. Die Nutzung eines Web-Browser-Interface umgeht zusätzliche Softwareanschaffungen und bringt somit keine Kosten für zusätzliche Arbeitsplatzsoftware. W3C Mitglied (berufen). Im Mittelpunkt steht der Content Management-Server. Seine wichtigsten Funktionen sind frei modulierbare Content-Klassen, Benutzerverwaltung und Zugriffsrechte, Versionierung und Archivierung. Über Import- und Exportfilter können alle gängigen Inhalte in das System eingebunden werden. Auch standardisierte Schnittstellen wie XML-, Java- und Tcl-APIs sind in das System integriert. Die modulare Multi-Tier-Struktur ermöglicht Clustering bzw. Verteilung von Funktionalitäten. Der GUI ist serverseitig über JSP realisiert. Es bietet Integrationsfähigkeit in die bestehende IT- und Unternehmensstruktur.
Workflow-management	Für die Verteilung des Content ist NPS mit wichtigen Funktionen für den redaktionellen Workflow zur Qualitätssicherung, To-do-Listen, Gruppenarbeit und Delegation ausgestattet. Ein- bis mehrstufige Redaktionsprozesse oder externe Workflow Anbindung. Workflows / Redaktionsprozesse sind frei definierbar.
Zugriffsver-waltung	Gruppen, Rollen und Rechte sind frei definierbar und können vererbt werden. Eine Anbindung an Verzeichnis-Server (LDAP, x.500) ist möglich.
Publishing Prinzip	Staging Server und Live Server – alternativ und zusammen.
Technische Anforde-rungen	Serverplattform: Hardware: Intel PC, SUN Sparc Betriebssystem: Microsoft Windows NT und 2000, Linux, SUN Solaris, Clientplattform: Plattformunabhängige HTML-Benutzeroberfläche Betriebssystem: Windows 3.x/95/98/NT, OS/2, MacOS, Unix
Eingesetzte Datenbank	Oracle, Informix, Sybase Microsoft SQL
Webserver	Apache, Netscape und andere CGI-fähige Webserver
Referenzen	Dresdner Bank AG (www.dresdnerbank.com), Freenet AG (www.freenet.de) Consors AG (www.consors.de), Verlag Praktisches Wissen (www.steuernetz.de) Flughafen München GmbH (Intranet), Mobilcom AG (interne Wissensdatenbank) Messer Griesheim GmbH (www.spezialgase.de)
URL	http://www.infopark.de

3.1.35 Obtree C3 - Obtree Technologies Germany GmbH

Anwendungs-schwerpunkt	Umfassendes Content-Management-System für den objektorientierten Aufbau und effizienten Unterhalt von dynamischen, datenbankbasierenden Web-Sites. Obtree C3 kann jede Art von Medien dynamisch integrieren und Web-Inhalte in jeder Sprache und auf Web-, WAP- oder digitale TV-Plattformen publizieren. Auch der Anschluss an SMS und e-Mail wird unterstützt, Mehrsprachigkeit ist integrierbar.
Sonstige Angaben	Autonavigation, freie Skalierung des Systems, Integration externer Daten, Einbindung von Verschlüsselungsprotokollen
Workflow-management	Sämtliche Personen (wie z. B. Autoren, Redakteure, Inhaltsverantwortliche, Webmaster, Entwickler etc.) werden entsprechend ihrer Aufgabe und unabhängig von ihrem Standort in diesen Prozess eingebunden.
Zugriffsver-waltung	Obtree C3 beinhaltet ein umfangreiches Benutzer- und Gruppen- Verwaltungssystem. Benutzer können frei definierbare Rechte auf Gruppen von Objekten haben. Die Benutzer selber können hierarchisch in Gruppen geordnet werden und Rechte vererben. Das System ist mandantenfähig. Die Rechte sind atomar ausgelegt (List, Read, Create, Browse, Delete, Change State). Zusätzlich können die Berechtigungsmöglichkeiten auf Ebene der Datenbank-Objekte (nicht nur ganze Seiten) ausgeschöpft werden. Ein Anschluss an einen LDAP Server ist verfügbar.
Publishing Prinzip	Ein-Server-Variante: Staging und Live Server werden physisch auf einem Server gehalten und durch die entsprechende Konfiguration unterschieden. Zwei-Server-Variante: Staging Server und Live Server werden physisch getrennt gehalten. Sobald Daten auf dem Staging Server abgenommen werden, können die Daten z. B. via Replikation auf den Live Server transferiert werden. Drei-Server-Variante: Live Server und Staging Server werden physisch getrennt gehalten mit zusätzlichem eigenem Development Server. Diese Variante kann eingesetzt werden, wenn Funktionen oder neue Strukturen entwickelt bzw. getestet werden sollen.
Technische Anforde-rungen	Serverplattform: Hardware: Prozessor: Intel Pentium III , SUN: Enterprise, empfohlen 2 Prozessoren Betriebssystem: Windows NT (4.0 SP6) + Windows 2000, API (CGI nicht empfohlen); Sun Solaris (V 2.6,2.7,2.8); Linux (Kernel 2.4 Distributions SuSe 7.2 + RedHat 7.1) Clientplattform: Wahlweise komplett browserbasierend (HTML/Java) oder Windows-Client verfügbar für Windows 98 , Windows NT 4.0 und Windows 2000. Komplett browserbasierend für MacOS 9+
Eingesetzte Datenbank	Oracle (Versionen 8.1.5., 8.1.6 und 8.1.7); MS SQL (V7.0 und 2000); Sybase V11.9.2 (nur in Kombination mit Linux); IBM UDB (in Vorbereitung). Die Anbindung von bestehenden Datenbanken ist problemlos möglich. Jede relationale Datenbank kann via SQL-Abfragen von Obtree C3 angesprochen und verwendet werden. Obtree C3 WebEngine, die im Webserver eingebunden wird. Individuelle 'Objekte' (wie Textabschnitte, Grafiken oder ein Videoclip) werden in einer Datenbank gespeichert und an der Schnittstelle mittels Layoutvorlagen dynamisch präsentiert.
Webserver	Microsoft Internet Information Server, Apache, Netscape, (Generic CGI wird nicht empfohlen)
Referenzen	UBS AG, Basel, Hoffmann-La Roche Ltd. Basel, Compaq Computer AG, Dübendorf, Helvetia-Patria Versicherungen AG
URL	http://www.obtree.com

3.1.36 One-To-One - Broadvision Deutschland GmbH

Anwendungs-schwerpunkt	Web-CMS, E-Business, Relationship-Management, One-To-One Marketing (x-selling, upselling, targeting) Patentierte, hoch entwickelte, dynamische Personalisierung Skalierbare, robuste, offene Architektur Es besitzt spezielle Module für die Unterstützung von E-Commerce, Wissens-management und Communities. Es werden Multi-Channel-Publikationen und mobile Dienste unterstützt.
Sonstige Angaben	System: offen gelegte APIs und Module, zum Beispiel Java- und C++-Klassen, JSPs, Scripts und Ähnliches, für die Entwicklung zusätzlicher Funktionalität und Einbindung von Fremdsystemen. (Plattform-Anwendung modular). Auf XML-basierend, groupware-orientiertes Authoring
Workflow-management	weborientiert, frei definierbare Workflows für Online-Redaktion
Zugriffsver-waltung	Gruppen, Rollen und Rechte sind frei definierbar
Publishing Prinzip	Staging Server oder Live Server; beides möglich.
Technische Anforde-rungen	Serverplattform: Hardware: Sun SPARC, HP RISC, IBM RS6000, Intel IA32 Betriebssystem: HP-UX, Sun Solaris, IBM, AIX, MS Windows NT/2000 Clientplattform: Hardware: mind. Pentium Betriebssystem: Windows 98/NT/20000 Publishing Center: plattformunabhängig – Browser; Command Center: Win 9x/NT/2000 Design Center: Win 9x/NT/2000
Eingesetzte Datenbank	Informix, Sybase, Oracle; MS SQL IONA Orbix
Webserver	Microsoft Internet Information Server, Netscape iPortal Server, Apache durch API, sowie alle CGI-fähigen Webserver
Referenzen	American Airlines Citybank Renault Peugeot Ferrari Cyberian Outpost Xerox Banco Santander netbank.com
URL	http://www.broadvision.com

3.1.37 Panagon IDM Web Publisher - FileNET GmbH

Anwendungs-schwerpunkt	Lösungen (und Branchenlösungen) für das unternehmensweite Web-Content-Management und für E-Business-Anwendungen. Damit können Unternehmen und öffentliche Organisationen Lösungen für Intranets und Extranet realisieren sowie Business-to-Business- und Business-to-Consumer-Portale entwickeln und ihre Geschäftsinformationen und -prozesse produktiver gestalten.
Sonstige Angaben	Systemunterstützung vom Archivsystem über klassisches DMS Synergien durch Single-Source Publishing-Konzept Integration des Produktes mit Partner-Anwendungen wie ERP- und CRM-Systemen
Workflow-management	Abhängig vom System-Design, FileNET setzt hier Workflow-Produkte ein.
Zugriffsver-waltung	Es wird die Zugriffsverwaltung der Panagon Content Services verwendet (Gruppen-/User-Konzept bzw. jedes Objekt mit eigenen Rechten).
Publishing Prinzip	Abhängig vom System-Design. Generell erfolgt das Publishing in drei Stufen: Definition der Publikation Translation Publikation Publikationen werden aus Performance-Gründen vorgehalten (kein on-the-fly)
Technische Anforde-rungen	Serverplattform: Hardware: mind. Pentium 200 MHz, 64 MB RAM (200 MB empfohlen), ca. 100 MB freier Festplattenspeicher Betriebssystem: Microsoft Windows NT 4.0 mit ServicePack 3/ 2000 Clientplattform: Hardware: mind. Pentium 166 MHz, 148 MB RAM, ca. 100 MB freier Festplattenspeicher Betriebssystem: Microsoft Windows NT/2000 Browser: Microsoft Internet Explorer 4.0 oder Netscape Navigator /Communicator 4.0
Eingesetzte Datenbank	Keine; Panagon Content Services (Dokumentenmanagement) verwenden Microsoft SQL Server 7.0 oder Oracle Panagon Content Services (Dokumentenmanagement) sowie Panagon IDM Desktop (Client), eventuell Panagon WebServices
Webserver	Microsoft Internet Information Server 4.0 (empfohlen)
Referenzen	Bank of America Bankers Trust
URL	http://www.filenet.de und www.FileNET.com

3.1.38 PANSITE - Pansite GmbH

Anwendungs-schwerpunkt	Softwarelösung für professionelles Web-Content-Management. Das Produkt erlaubt den strukturierten Aufbau, die dezentrale Pflege und Aktualisierung komplexer Inter-, Intra- und Extranetanwendungen ohne Programmierkenntnisse.
Sonstige Angaben	Integrierte Editoren ermöglichen die Erstellung und Pflege der Web-Sites ohne HTML-Kenntnisse. Über die Workflow-Komponente können die Kompetenzstrukturen bzw. Verantwortungsbereiche im Unternehmen abgebildet und der Publishingprozess automatisiert werden. Beliebige Personalisierungskonzepte lassen sich mit der Personalisierungsfunktion realisieren. Dem Thema XML wird mit neu definierter Schnittstelle gerecht. Es verfügt auf Grund seiner schlanken Architektur und hohen Standardisierung über sehr kurze Implementierungszeiten. Umfangreiche Modulbibliothek:. ein Formulargenerator zur Gestaltung beliebiger Formularmasken per Drag & Drop, eine Knowledge Base, ein Pressetool u. v. m. Das Content-Management-System ist auch als ASP-Lösung verfügbar.
Workflow-management	Über das Rechte- und Nutzerverwaltungssystem können die Kompetenzstrukturen und Verantwortungsbereiche im Unternehmen abgebildet werden. Basierend auf dem Rechtekonzept verfügt es über Benachrichtigungsfunktionen zur Kontrolle, Freigabe und Publikation der geänderten Inhalte.
Zugriffsver-waltung	Die Benutzerverwaltung kennt Teams, Gruppen und einzelne Personen. Für jede Benutzergruppe können differenzierte Berechtigungen wie z. B. Administration, Bearbeitung, Veröffentlichung etc. separat vergeben werden. Die Berechtigungen können für ganze Sites, Ordner oder einzelne Seiten gelten. Zusätzlich können die Berechtigungen für untergeordnete Seiten vererbt oder entzogen werden.
Publishing Prinzip	Das Publishing-Prinzip entspricht dem Konzept des Publishing-/Staging-Servers. Es werden zwei separate Umgebungen geschaffen. Autoren greifen über einen internen Server auf den Publishing- bzw. Applikationsserver zu. Im Anschluss werden die geänderten Contents auf den Staging- bzw. Live-Server übertragen. Die Qualitätssicherung QA erfolgt über die interne Workflow-Komponente.
Technische Anforde-rungen	Serverplattform: Betriebssystem: Windows NT Server 4.0 , Windows NT Service Pack 6 oder höher , Windows NT Option Pack 4.0 / Windows 2000 Server , Windows 2000 Server Service Pack 1 oder höher Clientplattform Web-Browser: Internet Explorer 5.01 oder höher
Eingesetzte Datenbank	Oracle 8.04 / MS SQL Server 7.0 oder höher / MS SQL Server 2000
Webserver	Applikationsserver / Publishingserver: - Windows NT: Microsoft Internet Information Server 4.x oder höher - Windows 2000: Microsoft Internet Information Server 5.0 Live-Server / Stagingserver: - beliebig
Referenzen	E.ON AG, Degussa AG, Volkswagen AG (Konzernforschung), Goldschmidt AG, IKEA Deutschland, Vorwerk & Co.
URL	http://www.pansite.de

3.1.39 pirobase®4.2 - Pironet NDH

Anwendungs-schwerpunkt	Web-Content-Management-System für Intranet-, Extranet- und Internet-Anwendungen. Aufbau und Verwaltung großer und komplexer Web-Sites mit hoher Anforderung an Performance, Interaktion und Integration. Aufbau von Portalen auf Basis von rechtebasierten und persönlich konfigurierbaren Portaloberflächen mit aktiven Bausteinen (pb.Portlets).
Sonstige Angaben	Vollständig über einen Standard-Web-Browser bedienbares, DB-gestütztes, volldynamisches CMS für beliebig verteilte dezentrale Autoren und Administratoren. Zwei integrierte WYSIWYG HTML-Editoren (Edit Center 2000, Edit Center Classic (plattformunabhängig)) Durchgängig mehrsprachig Die offene Architekur von pirobase® ermöglicht eine einfache Integration in bestehende IT-Landschaften. Der Funktions- und Datenaustausch kann über APIs im Rahmen eigener Programmerweiterungen erfolgen. Anpassungen können durch den Kunden selbst, durch die Projektteams der PIRONET NDH oder deren Partner vorgenommen werden. Durch die pirobase® multi-tier-Architektur können einzelne Komponenten und Programme von pirobase® mehrfach verwendet werden. Der Einsatz von Java/CORBA ermöglicht die Verteilung einzelner Schichten einer pirobase®-Applikation auf jeweils eigene Hardware, dabei sind Lastverteilung und Wiederanlauf ausgefallener Komponenten optimal gelöst. ASP-Unterstützung (mandantenfähig) Connectoren: Intershop, SAP R/3, Lotus Notes, MS Office, W@P Weitere Features: Unterstützung von JSP, XML / XSLT, komfortable Volltextsuche, weitreichende Menü- und Rechteverwaltung bis auf Objektebene, Verschlagwortung, Versionierung, Formular-Funktionalität SSL-Verschlüsselung
Workflow-management	Redaktionelle Workflows (4-Augen-Prinzip, d. h. mit notwendiger Freigabe des Verantwortlichen) stehen im Standard-Leistungsumfang von pirobase® zur Verfügung. Weitere beliebige Workflows können definiert werden.
Zugriffsver-waltung	Frei definierbare Benutzer, Gruppen, Profile, Rollen (LDAP, NT-Domain)
Publishing Prinzip	Live Content Management Lösung pirobase® ist Integrations- und Betriebsplattform Qualitätsgesichertes Publishing durch redaktionelle Wokflows
Technische Anforde-rungen	Serverplattform: Hardware: Sun oder Intel, HP-UX Unterstützte Betriebssysteme: Sun Solaris, Windows NT 4.0 / 2000 Clientplattform: Hardware (empfohlen): gängiger Standard PC Unterstützte Betriebssysteme: MS Windows, UNIX Browser: aktuelle Version des Netscape Navigator bzw. Internet Explorer und Java Plug-in 1.3 für die Java Applets (Internet Explorer ab 5.0 für das Edit Center 2000)
Eingesetzte Datenbank	Oracle 8i, weitere Datenbanksysteme können auf Anfrage über ODBC / JDBC angebunden werden.
Webserver	Apache, Netscape Enterprise Server, IIS, iPlanet
Referenzen	Auszug: AXA Colonia, SPD, Sony, Metro, Lufthansa, Rheinboden Hypothekenbank, Merck, Praktiker, Back Europ...
URL	http://www.pironet-ndh.com

3.1.40 Poet Content Management Suite - Sörman

Sörman Information GmbH (vormals POET Software GmbH)

Anwendungs-schwerpunkt	Content-Management-System für die verteilte Entwicklung von SGML- und XML-Dokumenten. Intranet (Großunternehmen) Web-Publishing (B2C und B2B) Internet-Lösungen für E-Commerce E-Handel zwischen den Unternehmen und Kataloglösungen für B2B E-Commerce
Sonstige Angaben	Stärken insbesondere in verteilten Umgebungen. Einfache Anpassungsentwicklung durch leistungsfähige API. Erweiterbarkeit: die Wiederverwendung von Komponenten und die Anbindung an bestehende Autorensysteme. Wichtigstes Werkzeug für den einzelnen Mitarbeiter ist der Content-Client für die Verwaltung von Komponenten. Autoren können über dieses Tool die unterschiedlichsten Operationen im Dokumentenbestand durchführen, wie beispielsweise Import, Check-in/Check-out, Export, Löschen, Versionierung oder Rollback.
Workflow-management	Workflowmanagement ist beliebig über ein Interface einbindbar (derzeit: AltaVistaWorks von Compaq)
Zugriffsverwaltung	Benutzer und Gruppen, Lesen + Schreiben + Löschen
Publishing Prinzip	Direkter Zugriff (auch schreibend über das Internet)
Technische Anforderungen	Serverplattform: Microsoft Windows 95, Windows 98, Windows/2000, Sun Solaris (auf Sparc), HP-UX, Linux Clientplattform: Microsoft Windows 95, Windows 98, Windows NT/2000
Eingesetzte Datenbank	POET Object Server Optional ist der Einsatz von ColdFusion Server möglich.
Webserver	Microsoft Internet Information Server, Netscape Enterprise Server, Apache, Microsoft Personal Web Server
Referenzen	Minolta (http://www.poet.de/kunden/minolta/minolta.html) Adidas AG Siemens AG Mannesmann DV
URL	http://www.sorman.com und www.poet.de

3.1.41 RavenSpace - RavenPack AG

Anwendungs-schwerpunkt	Content Transaction Management, E-Commerce, netbasierte Informationssysteme, Datamining – Knowledge Management
Sonstige Angaben	Die Webschnittstelle bietet dabei plattformunabhängigen Zugang zum System, der durch ausgeklügelte Sicherheitsmaßnahmen, die Angriffe zum Scheitern verurteilen, geschützt wird.
Workflow-management	RavenSpace ist eine Plattform für übergreifende Businesslösungen der Zukunft. Es ist möglich, sowohl unterstützende Tools zu integrieren als auch eigene Workflow-management-Applikationen zu entwickeln.
Zugriffsver-waltung	RavenSpace implementiert ein völlig neuartiges Datenmodell und darauf aufbauend untertief greifende sehr tiefgreifende und fein granulare Zugriffsverwaltung. Benutzer, Administratoren, aber auch Content im eigentlichen Sinne werden durch sehr frei definierbare Attribute charakterisiert. Darunter befinden sich auch Sicherheitsattribute, welche die Vertraulichkeit und das Sicherheitsniveau bis auf die Ebene von Contentatomen bestimmen können. Dieses innovative Prinzip eröffnet vielerlei Möglichkeiten bei der Gestaltung von Zugriffsmechanismen, die je nach Anforderungen des Einsatzgebietes bestimmt und angepasst werden können.
Publishing Prinzip	RavenSpace implementiert die patentierte „One-Page-Web" Technologie. Einerseits bietet diese Technologie besondere Features hinsichtlich der Web-Security. Andererseits bedeutet „One-Pape-Web", dass sämtliche dargebotenen Inhalte bei jedem Mausklick des Benutzers absolut dynamisch erzeugt werden. Es gibt keine statischen oder semidynamischen Webseiten mehr, sondern nur noch vollkommen dynamisch erzeugte Views von personalisiertem Content. Dies ist nur unter Ausnutzung des neuartigen Content- und User-Modells von RavenSpace möglich. Dieses erlaubt auf Grund der feingranularen Charakterisierungsmöglichkeiten von Informationen und Benutzern, für jede einzelne Webanfrage dem Benutzer personalisierten und vollkommen aktualisierten Content zu liefern.
Technische Anforde-rungen	Serverplattform: Compaq ProLiant Server – Windows 2000; Compaq Alpha Server – Tru64 Unix Clientplattform: Nur Systemadministratoren benötigen eine installierte Version des zentralen Management Tools RavenManager. Da es sich bei diesem um eine reine Java Anwendung handelt, ist eine Installation nicht plattformgebunden. Die Benutzerinteraktion erfolgt rein über webbasierte Schnittstellen, zu deren Nutzung lediglich ein Browser benötigt wird.
Eingesetzte Datenbank	Standardmäßig besteht eine JDBC-Anbindung zu einer relationalen Datenbank. Grundsätzlich können alle gängigen relationalen Datenbanken eingesetzt werden. Empfohlen werden die folgenden Möglichkeiten: Microsoft SQL-Server 7.0 und Microsoft SQL-Server 2000 auf Intel-basierten Maschinen im Microsoft Windows 2000 Environment. Oracle Datenbanken auf Unix-Maschinen. Auch Custom-Datenbankanbindungen, die nicht auf JDBC basieren, können eingesetzt werden. RavenSpace selbst – als Plattform für verteilte Businessapplikationen im weiten Sinne – setzt keine Middleware von Drittanbietern ein. Für die Realisierung von konkreten Geschäftsanwendungen, welche in ihrem verteilten Umfeld den Einsatz spezieller Middleware erfordern (z. B. CORBA), bietet RavenSpace in seinem Business Operation System die sog. Gate-Interface Schnittstellen zu externen Applikationen bzw. spezifischer Middleware an.
Webserver	Empfohlen werden Microsoft Internet Information Server für die Intel-basierte Hardwarekonfiguration und Apache Webserver für den Unix-basierten Einsatz.
Referenzen	Auf Anfrage
URL	http://www.ravenpack.com

3.1.42 Redaktionssystem - Comyan GmbH

Anwendungs-schwerpunkt	Große Websites mit ständig wechselndem Content, z. B. Tageszeitungen (hier ist die enge Integration mit dem Content-Aufbereitungssystem „NewsBench“ und dem digitalen Text-, Bild- und Agenturarchiv von Vorteil). Firmenzeitungen, integrierte Print- und Online-Publikationen.
Sonstige Angaben	Erweiterbarkeit des Systems über Active Server Pages (Visual Basic Script, Javascript,...). Das kann sowohl von COMYAN als auch durch den Kunden erfolgen – ein Beispiel hierfür ist das Diskussionsforum von Standard Online, das von Kunden selbst entwickelt wurde.
Workflow-management	Artikelstatus / Berechtigungen: Entwurf (Autor, Redakteur, Administrator): Ein Artikel, der eingegeben wurde. Fertig (Redakteur, Administrator): Ein Artikel, der freigegeben, aber noch nicht publiziert ist. Aktiv (Redakteur, Administrator): Ein Artikel, der auf der Webseite sichtbar ist. Archiv (Redakteur, Administrator): Ein Artikel, der sichtbar war und jetzt archiviert ist. Lager (Autor, Redakteur, Administrator): Ein Artikel auf Vorrat.
Zugriffsver-waltung	Rollenbasierend (Leser/Autor/Redakteur/Administrator); Stati: Entwurf, Fertig, Aktiv, Archiv, Lager Sowohl Rollen als auch Stati können vom Hersteller anwendungsspezifisch verändert oder erweitert werden. In Vorbereitung: Ressortspezifische Zugriffsberechtigungen.
Publishing Prinzip	Live Server (nur Artikel mit dem Status „Aktiv“ sind außen sichtbar). Es kann aber zusätzlich noch ein Staging-Server (auch als Backup) verwendet werden.
Technische Anforde-rungen	Serverplattform: Hardware: beliebiger Intel-Server Betriebssystem: Windows NT 4.0 / Windows 2000 – mit Hilfe von 3rd Party Tools (ChiliASP) auch Solaris. Clientplattform: Hardware: PC, Mac, Sun, ... beliebig Betriebssystem: alle Betriebssysteme, für die Browser ab der Version 3.0 erhältlich sind – Windows 95/98/NT, MacOS, Solaris, andere Unix-Derivate
Eingesetzte Datenbank	Beliebige ODBC-fähige relationale Datenbank, typischerweise Microsoft SQL Server 7.0, aber auch Oracle, Sybase, Informix, mySQL etc. sind möglich, sowie die neue lizenzfreie Microsoft Data Engine (kleiner Bruder vom SQL Server). COM/DCOM, JavaBeans ebenfalls möglich, CORBA mit 3rd Party Tools. Das Framework, auf das Cäsar aufsetzt, sind die „Active Server Pages“ (ASP) von Microsoft.
Webserver	Empfohlen: Microsoft Internet Information Server 4.0 Mit ChiliASP wäre auch Netscape Enterprise Server verwendbar.
Referenzen	Der Standard Online (Österreichs zweitgrößte Website) (http://derStandard.at) Liberales Forum Österreich, Magazin (http://www.lif.at/html/magazin/default.htm) Medienhaus & Partner, Medienhaus Express (Magazin): http://www.medienhaus.co.at/mhp99/mhx/mhx.htm)
URL	http://comyan.com

3.1.43 RedDot Professional - RedDot Solutions AG

(Vormals InfoOffice GmbH)

Anwendungs-schwerpunkt	Bei RedDot Professional handelt es sich um ein Content-Management- und Publishing-System für mittlere und große Intranet- und Internet-Projekte. RedDot wird derzeit häufig von Medienunternehmen eingesetzt, ist aber universell für den Aufbau und die Verwaltung großer Internet- und Intranet-Sites einsetzbar und wird ebenso von Industrie, Handel und Dienstleistern genutzt.
Sonstige Angaben	Vollständig Browser-basierte Bedienung; Einbindung strukturierter ASCII-Formate möglich (z.B. NITF, SGML, XML, DHTML etc.); Einbindung von Skripten möglich (Java-Script, Servlet, etc.); Visualisierung der Links in Baumstruktur; Intuitive Redaktions-Arbeit durch RedDot SmartEdit-Technology: neben jedem Element einer Seite, das bearbeitet werden darf, erscheint ein roter Punkt (RedDot), durch Anklicken öffnet sich der entsprechende Bearbeitungs-Dialog. Änderungen sind sofort sichtbar (WYSIWYG-Prinzip) Über das Administrations-Interface (ebenfalls im Browser) werden Templates definiert (z.B. auf Basis von existierenden HTML-Seiten), die Projektstruktur verwaltet (Visualisierung als Baumstruktur) und die Export-Einstellungen vorgenommen. Auf einem RedDot-Professional-Server können beliebig viele Projekte verwaltet werden (Mandantenfähigkeit).
Workflow-management	Seiten werden von Redakteuren erstellt und – abhängig vom Berechtigungs-Level des Erstellers – einem oder mehreren Verantwortlichen zur Freigabe/Korrektur vorgelegt. Der Workflow ist in beliebig vielen Stufen frei definierbar.
Zugriffsver-waltung	Alle Rechte (Gruppen, Anlegen, Ändern, Löschen, Lesen von Bereichen/Seiten, Freigabe, Generierung) werden von den Administratoren vergeben (frei definierbar).
Publishing Prinzip	Staging Server und Live Server
Technische Anforde-rungen	Serverplattform: Hardware: empfohlen: mind. Pentium III Betriebssystem: Windows 2000 Professional / Server / Advanced Server Clientplattform: Für die Redaktion: Jeder PC, auf dem ein Web-Browser ab Version 4 installiert ist. Für die Administration: Empfohlen wird MS Internet Explorer 5.5 unter Windows 95/98/NT4/2000.
Eingesetzte Datenbank	ODBC-fähige Datenbank (Microsoft MSDE im Lieferumfang enthalten) für Projektverwaltung; Inhalte werden wahlweise in der Datenbank oder im Filesystem abgelegt. Externe Inhalte können aus ODBC-fähigen Datenbanken ausgelesen und weiterverarbeitet werden. Microsoft Internet Information Server (IIS) für internes Preview
Webserver	RedDot Professional trennt Redaktions- und Live-Server. Auf dem Redaktions-Server werden Seiten mit oder ohne dynamische Anteile produziert, die dann auf den Live-Server exportiert werden. Es kann jeder beliebige WWW-Server eingesetzt werden
Referenzen	RTL Group, Köln (http://www.rtl.de); Hamburger Morgenpost, Hamburg (http://www.mopo.de); Deutsche Bank 24, Bonn (http://www.deutsche-bank-24.de) Cityweb, Essen (http://www.cityweb.de); DaimlerChrysler AG (Intranet) Conrad Electronic, Hirschau (http://www.conrad.com)
URL	http://www.RedDot.de

3.1.44 Schema Text Client/Server - S C H E M A GmbH

Anwendungs-schwerpunkt	Single-Source-Produktion für technische Dokumentationen, Maschinenbau, Verlagswesen, Software-Dokumentation, Protokoll-Verwaltungssystem.
Sonstige Angaben	Schema Text Client/Server ist ein Standardprodukt, für das Dokumentation, Hotline, Schulung, Support, Beratung und Dienstleistung angeboten werden. Neben der datenbankbasierten Client/Server-Version können Einstiegsprojekte auch mit der Einzelplatzlösung extrem kostengünstig realisiert werden. Es werden die beiden Versionen als (Einzelplatzversion) - Client/Server (datenbankbasierte Multiuser-Version) angeboten. Word als HTML/XML/SGML-Editor mit dem MarkupKit (Word/RTF -> HTML/XML/SGML-Konverter).
Workflow-management	Schema Text Client/Server ist standardmäßig mit folgenden Workflow-Komponenten ausgestattet: Metadatenverwaltung mit Statusüberwachung, Datenbank-Trigger, E-Mail-Ankopplung. Mit diesen Bestandteilen werden spezielle Kundenanforderungen in Bezug auf Workflow realisiert.
Zugriffsver-waltung	Schema Text Client/Server verfügt über eine frei definierbare Zugriffsverwaltung auf verschiedenen Objektebenen mit unterschiedlichen Funktionen. Einzelne Rechte (Lesen, Schreiben usw.) können ebenfalls frei definierbaren Rollen zugeordnet werden. Ein Benutzer kann mehreren Gruppen und Rollen zugewiesen werden.
Publishing Prinzip	Staging Server und/oder Live Server
Technische Anforde-rungen	Serverplattform: Hardware: mind. 256 MB RAM, Backup-System mit hoher Kapazität empfehlenswert, mind. 3 Festplatten Betriebssystem: Microsoft Windows NT 4.0, von Oracle unterstütztes UNIX-System (z. B. SUN, HP) Clientplattform: Hardware: mind. 64 MB RAM, 1024 x 768 Bildschirmauflösung Betriebssystem: Microsoft Windows 95, 98 oder NT 4.0 mit SP 4.0 Browser kann verwendet werden.
Eingesetzte Datenbank	Standard: Oracle 8 und 8i – andere Datenbanken auf Anfrage STCS Application Server, Schema Text Object Model
Webserver	Apache, Microsoft Internet Information Server, Hyperwave Information Server
Referenzen	Audi Bosch DaimlerChrysler START
URL	http://www.schema.de

3.1.45 SixCMS - Six Offene Systeme GmbH

Anwendungs-schwerpunkt	Content Management System mit interaktiven Features für Internet, Intra- und Extranet. Portale, hochaktuelle Websites, Online-Auftritte mit vielschichtig vernetzten Inhalten für redaktionelle News, Firmeninformationen, Produktkataloge, Presse, Linksammlungen etc.
Sonstige Angaben	Email-Pushdienst, Personalisierte Websites, Community Features, XML-Import/Export, integrierte Mediendatenbank, umfängliches Templatemanagement mit Template-Assistent und Autotemplates, bi-direktionale Verknüpfung beliebiger Inhalte, Linkmanagement, Highlight-Verwaltung, Front-End-Editing Weitere Module: SixCMS Statistik, Weitere Produkte: SixAIM_Billing für Online-Abrechnung und SixAIM_Profiling für eCRM-Lösungen
Workflow-management	Rollenabhängige Navigation, Statusmanagement der Publikationsprozesse, Zeitsteuerung der Veröffentlichung.
Zugriffsver-waltung	Authentifizierung über Name und Kennwort – Granulare Zugriffs- und Rechteverwaltung über Gruppen, denen individuelle Rechte zugewiesen werden. Ein Nutzer kann beliebig vielen Gruppen angehören und deren Rechte teilen. Auf Nutzer-Ebene sind zusätzliche Rechte wie „Freischaltrecht" „Highlightrecht" und andere zu vergeben.
Publishing Prinzip	Live Server. Generierung dynamischer Websites mit intelligentem Caching-Algorythmus
Technische Anforde-rungen	Serverplattform: Betriebssystem: Solaris, FreeBSD, Linux, HP/UX Clientplattform: Beliebig, Standard Browser dienen als Frontend (Netscape Navigator / Communicator ab Version 4.x und Microsoft Internet Explorer ab Version 4.x)
Eingesetzte Datenbank	MySQL
Webserver	Apache(Einbindung PHP 4 über API)
Referenzen	www.brandenburg.de (Land Brandenburg), www. www.BauNetz.de (BertelsmannSpringer), www.wissenschaft.de (DVA Deutsche Verlags-Anstalt), www.birkel.de (Birkel Teigwaren), www.beate-uhse.tv (Beate Uhse AG), www.boersenblatt.net (Börsenblatt für den deutschen Buchhandel), www.ids-scheer.de (IDS Scheer AG), www.internetworld.de (INTERNET WORLD), http://imk.gmd.de (Forschungszentrum Informationstechnik),www.stuttgart.de (Stadt Stuttgart), www.lescienze.it (LeScienze), www.siemens.com/sbs (Siemens AG), www.frankfurt.de (Stadt Frankfurt)
URL	http://www.six.de

3.1.46 Spectra - Allaire

Anwendungs-schwerpunkt	Spectra ist eine komplette Lösung für Content Management, E-Commerce, Kunden-Interaktions-Management, Personalisierung und Content-Syndication
Sonstige Angaben	Die logische Weiterführung des Cold-Fusion-Konzepts für den Bereich Content-Management. Business Intelligence wird mit Statistiken und Analysen geboten. Content Object API (Coapi) :Hinter den Content Objects verbergen sich einzelne Objekte, deren Eigenschaften und Funktionen die Komponenten einzelner Dokumente bestimmen. Über Coapi werden zudem Objektdatenbanken und externe Systeme mit dem CMS verbunden.
Workflow-management	Die wichtigsten Funktionen von Spectra sind Workflow- und Prozessautomatisierung
Zugriffsver-waltung	Aufgabenorientiertes Sicherheitsmanagement: Der so genannte Spectra Webtop ist das Gegenstück zu Coapi. Er dient als einheitliche Schnittstelle für alle Administratoren, Entwickler, Designer und Nutzer für den Zugriff auf das System.
Publishing Prinzip	Applikationsserver Cold Fusion
Technische Anforde-rungen	
Eingesetzte Datenbank	XML-Datenbank
Webserver	Basierend auf dem ColdFusion Enterprise Web-Applikation-Server und Jrun
Referenzen	Coop
URL	http://www.4Media.ch www.allaire.com

3.1.47 Synformation.com - Bouncy Bytes Software GmbH

Anwendungs-schwerpunkt	Umfangreiche E-Commerce-Plattform mit einem leistungsfähigen Content-Management-System. Community-Modul.
Sonstige Angaben	Das vollständig in Java realisierte System bietet neben den klassischen CMS-Komponenten eine eigene Skriptsprache und interessante Objekte für Chat-Bereiche, Foren, Bannerverwaltung, Listserver und integrierten Logfile-Analyzer.
Workflow-management	Im System ist eine Workflow-Komponente integriert, über die Content-Objekte frei definierbare Stadien durchlaufen können.
Zugriffsver-waltung	Der Administrations-Client ist eine Java-Anwendung, die auch als Applet in einem Browser laufen kann. Mit ihm können sowohl Seiten erstellt, als auch Benutzer verwaltet und Content-Objekte gepflegt werden. Die Serverlogik kümmert sich unter anderem um die Produktion der Seiten, die Benutzerauthentifizierung und die Steuerung des Interpreters.
Publishing Prinzip	Von der Datenbank werden Content Objekte bei der Seitenproduktion mit ebenfalls in der Datenbank abgelegten XSL-Skripts in HTML oder andere Ausgabeformate umgewandelt. Das Ergebnis kann direkt zum Client geschickt oder in eine Seite eingebettet werden.
Technische Anforde-rungen	
Eingesetzte Datenbank	Die Basislayer stellt die Grundfunktionalität bereit und ist für die Umsetzung von relationalen Daten in objektorientierte Strukturen verantwortlich. Das CMS unterstützt auch XML. XML-Daten werden als Content-Objekte in der Datenbank gespeichert.
Webserver	
Referenzen	
URL	www.bouncy.com

3.1.48 Syntags ContentBase - SYNTAGS GmbH

Anwendungs-schwerpunkt	Pflege komplexer Sites in großen virtuellen Umgebungen, Integration von Fremddaten, Übernahme vorhandener/entwickelter komplexer HTML-Programmierung, Abbildung multidimensionaler Anwendungen (Internet-/Extranet-/Intranet-/WAP-Lösungen mit denselben Daten), vielfältige Selektions- und Darstellungsmöglichkeiten der Datenbestände.
Sonstige Angaben	Flexible Gestaltung des Layouts mit XML, HTML, DHTML, Java, JavaScript, CSS und zukünftigen Standards. Integration vorhandener Datenbestände unter Wahrung der Benutzerrechte. Unbeschränkte Skalierbarkeit durch beliebig viele Instanzen der Datenbanken in gemischten Serverumgebungen. Import vorhandener Webauftritte per Mausklick. Analyse der Zugriffe inklusive grafischer Darstellung.
Workflow-management	Integrierter Workflow, bei dem zwischen Redakteuren, Chefredakteuren, Lektoren und Lesern unterschieden wird, um die Prüfung, Freigafertig gestellter fertiggestellter Dokumente entsprechend der individuellen Unternehmenshierarchie abbilden zu können.
Zugriffsver-waltung	Alle Funktionen werden über separate Rollen verwendet, diese Rollen lassen sich zu individuellen Benutzerprofilen kombinieren. Solche Profile sind in beliebiger Anzahl möglich, die vordefinierten können angepasst werden. Basis ist die Domino Zugriffsverwaltung. LDAP wird unterstützt.
Publishing Prinzip	Wahlweise kann der Redaktions-Server gleichzeitig als Publishing Server dienen, über die Replikation können jedoch beliebig viele Server/Servercluster als Live Server agieren, beliebig viele weitere Server als Redaktions-Server.
Technische Anforde-rungen	Serverplattform: Hardware: annähernd beliebig PC (z.B. für IBM Netfinity zertifiziert), AS/400, RS/6000, S/390, SUN SPARC Betriebssystem: Setzt Lotus Domino voraus, verfügbar für: Microsoft Windows 95/98/NT/2000, IBM OS/2, OS/400, Linux, IBM AIX, SUN Solaris, OS/390 bzw. MVS u. a. IBM zertifiziert für Windows NT 4.0 und SuSe Linux Clientplattform: Hardware: beliebig Betriebssystem: setzt Lotus Notes als Client oder Browser voraus; für annähernd jede Plattform verfügbar
Eingesetzte Datenbank	Realisierung auf Basis Lotus Domino, Anbindung von SQL-, AP-J.D. Edwards-Datenbeständen möglich. Lotus Domino
Webserver	Lotus Domino, durch periodischen Exporter ist jeder beliebige http-Server einsetzbar.
Referenzen	VEKA AG GWS eG Inform. Consult GmbH
URL	http://www.syntags.de

3.1.49 Tamino - SAG Systemhaus AG

Anwendungs-schwerpunkt	Datenbank-Management-System Transaktionskontrolle Datenintegration
Sonstige Angaben	Extra Tool zum Webpublishing Rio (Data Channel) XML-Server: erleichert die Übermittlung komplexer elektronischer Nachrichten und Konvertierung/Import im XML-Format/Bearbeitung und Publikation von XML-Daten im HTML-Format.
Workflow-management	Keine eingebaute Unterstützung
Zugriffsver-waltung	Gruppen, Rollen und Rechte sind frei definierbar.
Publishing Prinzip	Live Server
Technische Anforde-rungen	Serverplattform: Hardware: Intel, Alpha Betriebssystem: Windows NT/2000 In Kürze wird Tamino auch für Solaris und Linux erhältlich sein. Clientplattform: Beliebig, der Browser dient als Frontend
Eingesetzte Datenbank	Tamino , OO-Datenbank
Webserver	Microsoft Internet Information Server, Apache Web Server (Version 1.3.3, 1.3.4 oder 1.3.6)
Referenzen	Albert-Ludwigs-Universität, Freiburg Genius Software GmbH & Co KG !X-ware, Greifswald Magis Gesellschaft für Umweltsysteme mbH
URL	http://www.softwareag.com/tamino

3.1.50 TeamSite - Interwoven

Anwendungs-schwerpunkt	Eine Content-Management-Lösung zur Entwicklung von unternehmensweiten Internet- und E-Business Initiativen. TeamSite zeichnet sich besonders durch seine offene Architektur, Skalierbarkeit und enge Integration mit den führenden Application Servern aus. TeamSite stellt alle Funktionen zur Entwicklung, zum Test und zur Verwaltung von Web-Sites in grossen Teams zur Verfügung z. B. Versionierung von Web-Inhalten, Versionierung von Web-Sites, Metadaten-Management, Templating (Trennung von Inhalten und Layout), Seitengenerierung. Die Verteilung von Inhalten in die Zielumgebung wird von Interwoven OpenDeploy durchgeführt. OpenDeploy unterstützt die Verbreitung von Inhalten über alle Arten von Plattformen und Applikationen z. B. B2B-Marktplätze oder Portale. Unterstützt werden auch mobile Endgeräte (-> Interwoven OpenChannel).
Sonstige Angaben	XML-basiert Das Management der Metadaten erfolgt von den Autoren der Inhalte bzw. mit Hilfe von Interwoven Metatagger. Metatagger erzeugt automatisch Metadaten basierend auf Wortschatz und Taxonomien. Konsistente und umfangreiche Metadaten sind die Basis für erfolgreiches Personalisieren von Inhalten. Ermöglicht verschiedenen Abteilungen eines Unternehmens, gemeinsam auf Informationen zuzugreifen sowie die dezentrale Entwicklung und Pflege von Web-Sites zu koordinieren. Inhalte beleibigen Formats (XML, Programmcode, Datenbankinhalte, beliebige Dateien) werden dabei im TeamSite Repository verwaltet. Konvertierung von Katalogformaten und Daten z. B. Anreichern von ERP Daten für die Nutzung im Internet (i.e. XML Formate für Marktplätze). Ein Content Syndication Server unterstützt einen Infobroker-Betreiber.
Workflow-management	Der Workflow automatisiert die Prozesse zur Erstellung, Genehmigung, Verteilung und Freischaltung von Web Inhalten. Alle Personen und Nutzergruppen aus technischen wie auch nicht-technischen Bereichen werden gleichermaßen in die Entwicklung und Kontrolle von Web-Inhalten eingebunden. WorkflowBuilder ermöglicht die grafische Modellierung und Entwicklung von Workflows per Drag and Drop.
Zugriffsver-waltung	Die TeamSite Zugriffsverwaltung legt Rechte von Personen, Gruppen oder Rollen fest (Operationen auf Inhalten, Rechte innerhalb TeamSite etc.). -> Integration mit LDAP Directorys
Publishing Prinzip	Die File-System Schnittstelle macht Bereiche in TeamSite über ein Standard Filesystem zugänglich (*TeamSite Virtual FileSystem*) – somit können beliebige Werkzeuge für die Erstellung und das Pflegen der Inhalte genutzt werden.
Technische Anforde-rungen	Serverplattform: TeamSite: Windows (NT/2000), Solaris, HP-UX OpenDeploy: Windows (NT/2000), Solaris, HP-UX, IBM AIX, Linux Clientplattform: Browserbasiert
Eingesetzte Datenbank	TeamSite Repository und JDBC –fähige Datenbanken
Webserver	Alle: Microsoft IIS, Apache, Netscape, ...
Referenzen	Auswahl: Adidas Salomon, BP, British Airways, Cisco, Coca Cola, Compaq, Dresdner Bank, Ford, General Electric, Lycos Europe, Metro AG, Novartis, Philips,
URL	http://www.interwoven.com, http://www.interwoven.de

3.1.51 Tridion Dialog Server - Tridion GmbH

Anwendungs-schwerpunkt	XML-Content-Management: Für multinationale Unternehmen zur Optimierung ihrer E-Marketing-Ergebnisse. Einsatzbereich auch Dokumentenmanagement. Global Brand Management Web Localization Personalization Multi Channel Publishing
Sonstige Angaben	Aktuelle Inhalte auf einheitliche und für die Zielgruppe relevante Weise präsentieren.
Workflow-management	Tridion Dialog Server besitzt volle Workflow-Fähigkeiten, um die Prozesse im Content Life Cycle abzubilden. Das Workflowmanagement des Dialog Servers automatisiert die Arbeitsschritte, die die Zusammenarbeit mehrerer Personen erfordern, wie etwa die Genehmigung neuer Inhalte oder die Genehmigung einer neuen Marketingkampagne, bevor diese online umgesetzt wird. Die Arbeitsschritte können durch einen grafischen Workflow-Assistenten festgelegt werden. Sie können die Arbeitsschritte des Tridion Dialog Servers sogar in bestehende Umgebungen integrieren.
Zugriffsver-waltung	Gruppen, User, Rollen und Rechte sind frei definierbar, Standardeinstellungen sind vorgegeben.
Publishing Prinzip	Staging und Live Server
Technische Anforde-rungen	Serverplattform: Hardware: Windows NT 4.0 kompatibler Server; CPU 450 MHz Pentium III Management Server: Windows NT 4.0 SP4 oder Windows 2000 SP1; Presentation Server: Windows NT 4.0 SP4 oder Windows 2000 SP1 Clientplattform: Browserbasiertes Frontend Internet Explorer 4 (Standard-Browser für Dialog Server Management System) Internet Explorer 5 (empfohlen); Internet Explorer 5.5 wird nicht unterstützt; Netscape Navigator wurde noch nicht getestet.
Eingesetzte Datenbank	Microsoft SQL Server 7 SP 2 oder Oracle Microsoft BackOffice 4.5 (Microsoft Message Queue 1.0 oder höher; Microsoft Transaction Server (MTS) 2.0); DCOM, Java
Webserver	Microsoft Internet Information Server 4 (NT 4) oder Internet Information Server 5 (Windows 2000) (empfohlen) Andere wie z.B. Apache möglich
Referenzen	KLM (http://www.klm.de) Ericsson (http://www.ericsson.com) Scania (http://www.scania.com) Smurfit (http://www.ivenus.com)
URL	http://www.tridion.de

3.1.52 V/5 eBusiness Plattform - Vignette Germany

Anwendungs-schwerpunkt	Plattform für so genanntes Extended Content Management gemeinsam mit anderen Unternehmen: Content Development (Macromedia, Quark), Content Delivery (Akamai, Inktomi) und Content Application Management (Vignette, Rational). Highend-Lösungen mit XML- und Syndication-/Aggregation-Unterstützung für Portalsites, E-Commerce, Publishing, Banking usw.
Sonstige Angaben	Das V/5 CMS bietet die Möglichkeit, personalisierte Seiten für die Benutzer zu verwalten. Die Seitenerstellung erfolgt in einer beliebigen Sprache und kann durch Einsatz von TCL, ASP und JSP dynamisiert werden. Zu diesem Zweck sind die Fähigkeiten der V/5 Plattform sowohl als COM wie auch als JavaBeans Interface verfügbar. Das V/5 CMS übernimmt dabei typische Funktionen wie Management der Benutzer, Komponenten, Objekte, Versionskontrolle und Ähnliches. Fähigkeiten wie Lastverteilung und Skalierbarkeit sind integrale Bestandteile des Systems. Als einziger im Umfeld kann er über den neuen Internetstandard ICE Daten auch mit anderen Web-Sites austauschen und in eigene Inhalte einbauen. Der dazu verwendete Syndication Server stellt die Kommunikation beim Einsatz von mehreren Servern sicher. Unter dem Begriff Tools werden Production-, Business- und Development-Center zusammengefasst. Sie dienen der Zusammenarbeit, dem Management von Userprofilen und der Entwicklung des Designs. Neben der Verteilung von Content erlaubt der Content Aggregation Server CAS das Zusammenfassen von Inhalten externer Quellen mit Hilfe von Agenten, welche die Daten über HTML, XML, ODBC und diversen anderen Quellen aggregieren. Zu den interessantesten Funktionen zählen beispielsweise auch Agenten, die personalisierte Inhalte erzeugen, und umfangreiche Analysemechanismen, wie man sie von Logfile-Analysern kennt. Der Relationship Management Server RMS erlaubt durch die Verwendung dieser Daten den direkten Einfluss auf die Dynamik der Site (Kampagnen-Management).
Workflow-management	Beliebige Workflows können definiert werden.
Zugriffsver-waltung	Frei definierbare Rechteverwaltung mit User und Group.
Publishing Prinzip	Development -> Staging -> Live Server
Technische Anforde-rungen	Serverplattform: Hardware: Intel, Sun Sparc Betriebssystem: Microsoft Windows NT 4.0, Windows 2000, Sun Solaris7 und Solaris8 Clientplattform: Browser für Redaktion, Java Applikation als Entwicklungsumgebung (Windows NT/2000).
Eingesetzte Datenbank	Oracle, Sybase, Microsoft SQL-Server
Webserver	Netscape, Apache, Microsoft Internet Information Server
Referenzen	Bertelsmann, Sun und Zdnet, Telekom, Wirtschaftswoche, Lufthansa, Spiegel-Online (www.spiegel.de) http://www.mercedes-benz.de. Aktuelle Kundenliste unter http://www.vignette.com
URL	http://www.vignette.com

3.1.53 ViaCONTENT® und ViaPUBLISH® - ViaMEDICI AG

Anwendungs-schwerpunkt	Cross Media-Publishing-Management-System, webbasierte Lösung für Print- und Online-medien. Für Unternehmen mit internem und externem Kommunikationsbedarf für Corporate Publishing oder –Portal. Anbindung anderer Systeme: ERP, CRM, E-Commerce
Sonstige Angaben	Module: Internetredaktion, Produktionssystem mit/ohne Payment, CRM, XML-basierend Medien:Text bis Video Check-in des Contents Automatische Hintergrundprozesse wie IPTC Header Interpreter, Thumbnailgenerierung, etc. Recherchefunktion, Java XML-Editor Check-out Mechanismus für Mehrfachnutzung von Content Automatische Übernahme von Altdatenbeständen
Workflow-management	Workflowengine
Zugriffsver-waltung	User und Rechteverwaltung
Publishing Prinzip	XML als neutrales Datenaustauschformat, das einerseits als Basisformat für die Publikation der Datenbankinhalte, andererseits als Ablageformat für strukturierte Texte und deren Erfassung dient.
Technische Anforde-rungen	Serverplattform: NT: Pentium II 450 MHz, 1GB freier Speicher, Betriebsystem NT4.0 (SP5) /2000 Unix: SUN Sparc E250 oder E450 1 GB freier Arbeitsspeicher Betriebssystem Sun solaris 2.6 oder höher Clientplattform: Windows Pentium 200 MHz 64 Arbeitsspeicher, Betriebssystem Windows 95/98/ NT (SP5) /2000 Macintosh: PowerPC, 64 MB freier Arbeitsspeicher, Betriebssystem Mac OS7.6 / 8.5 Internet: Sun Ray 1 als Thin Client
Eingesetzte Datenbank	Objektorientierte Datenbank: Einsatz von o. DB zur Verwaltung und Speicherung der Elementmetadaten sowie Text und Produktdaten. Eingesetzte Datenbank: Oracle 8i, Microsoft SQL-Server (geplant), DB2 (geplant)
Webserver	Die Applikation kann auf fast allen browserunterstützten Plattformen betrieben werden.
Referenzen	http://www.computerwoche.de/ http://www.jobuniverse.de/ http://www.kepplermediengruppe.de/ http://www.paperglobe.com/ http://www.sap.com/ http://www.stiftung-warentest.de/
URL	http://www.viamedici.de

3.1.54 VIP Content Manager - GAUSS Interprise AG

Anwendungsschwerpunkt	Web Content-, Portal-, Dokumenten- und Workflow-Management komplett aus einer Hand. Verwaltung beliebig vieler und komplexer Intranet-, Extranet- und Internet-Sites, Hosting mehrerer Web-Sites für unterschiedliche Kunden, Verwaltung von Kiosk-Terminals und Realisierung von Unternehmensportalen, optional internetbasiertes, medienunabhängiges Publizieren auf andere elektronische Medien (neben Web auch Teletext, Pager, etc.)
Sonstige Angaben	VIP ContentManager kann mit führenden Enterprise Application Servern wie BEA WebLogic und IBM WebSphere zusammenarbeiten. VIP MediaManager (Multimedia Redaktionssystem), VIP PortalManager (Personalisierung/Dynamisierung), VIP InfoBill (Micro-Payment) Der VIP Content Miner verdichtet die Informationen zu themenspezifischem Wissen. Außerdem verfügt er auch noch über eine leistungsfähige Suchmaschine. VIP ITF ist eine Anwendung für formularbasierte Applikationen. VIP ContentManager verfügt über zwei robuste, offene APIs auf der Basis von XML und Java, über die funktionale Erweiterungen realisiert und bestehende Anwendungen in eine Website integriert werden können.
Workflow-management	Alle klassischen Workflow-Prozesse wie Redaktion, QS und Produktion werden über E-Mail-Kommunikation automatisch (inkl. URLs) unterstützt. Im Navigationsbaum ist der jeweilige Status aller Web-Objekte für die Benutzer durch Symbole gekennzeichnet. Intelligente Filterfunktionen unterstützen den kompletten Workflow. Integrierte Plausibilitätsprüfung für intuitives und konsistentes Linkmanagement ist vorhanden. Freigabe- und Ablaufdatum werden systemgestützt gesteuert und überwacht. Eine siteübergreifende Suchfunktion und Protokollfunktion für unternehmensrelevante Revisionssicherheit und (Workflow-) Recherche gehören zum Lieferumfang. Mit „What's New" lassen sich optional dynamische Übersichten neuer/geänderter Seiten erzeugen.
Zugriffsverwaltung	VIP liefert eine mächtige und flexible Benutzerverwaltung (Rollen, Gruppen, Benutzer, Objekte, Mandantenfähigkeit, etc.) basierend auf einem externen LDAP-Server oder der zugrunde liegender Datenbank.
Publishing Prinzip	Staging-Server, intelligentes Caching
Technische Anforderungen	Serverplattform: Betriebssystem: Prinzipiell jedes Betriebssystem, für das eine Java 2 Plattform verfügbar ist. Support wird gewährleistet für: Sun Solaris (SPARC), Microsoft Windows NT 4, Windows 2000, HP-UX, Linux, OS/400 Clientplattform: Betriebssystem: Prinzipiell jedes Betriebssystem, für das eine Java 2 Plattform (nur für Administration) und/oder ein kompatibler Browser verfügbar ist. Support wird gewährleistet für: Windows 98/ME, NT4, Windows 2000, Sun Solaris (SPARC); Browser dient als Frontend für Redaktion, QS und Produktion; Administration benötigt Java 2 Runtime Umgebung.
Eingesetzte Datenbank	Nativ unterstützt werden Oracle, DB/2 und Microsoft SQL Server. Darüber hinaus kann über JDBC praktisch jedes Datenbank System angebunden werden.
Webserver	Netscape Enterprise Server, iPlanet Enterprise Edition Server, Apache HTTP Server, Microsoft Internet Information Server
Referenzen	Bayer AG, BMW, Bundesministerium für Wirtschaft BMWi, Dasa Airbus Industrie, Axel Springer Verlag AG, Bayrische Landsbank, Fraunhofer Gesellschaft, Maritz
URL	http://www.gauss-interprise.com

3.1.55 WebGate - Innovation Gate GmbH

Anwendungs-schwerpunkt	Publishing-Anwendung für Internet, Intranet, Extranet: Besonders geeignet für die Erstellung „individueller" E-Business-Anwendungen.
Sonstige Angaben	
Workflow-management	Wann immer ein Dokument neu angelegt oder abgespeichert wird, wird der Status auf den Wert „in Arbeit" gesetzt. War das Dokument vor dem Bearbeiten freigegeben oder archiviert, so wird eine neue „Dokumentversion" erstellt und diese zum Bearbeiten angeboten. Ist die Bearbeitung abgeschlossen, wird das Dokument vom Autor einem „Genehmiger" zur Genehmigung vorgelegt. Der Status wechselt auf „zur Genehmigung". Die ursprünglichen Autoren haben nun kein Recht mehr, das Dokument weiter zu bearbeiten. Der „Genehmiger" kann das Dokument freigeben, sperren oder zur Nachbearbeitung wieder in den Status „in Arbeit" setzen. In jedem Fall bekommen die ursprünglichen Autoren wieder Bearbeitungsrechte. Wird das Dokument freigegeben, so wird es automatisch in alle Web-Navigatoren eingetragen und ist damit aus dem Web erreichbar. Eine eventuell vorher freigegebene Version wird in den Status „archiviert" gesetzt. Je Dokumententyp können erlaubte Genehmiger festgelegt werden.
Zugriffsver-waltung	Vordefinierte Gruppen: WebAutor, WebDesigner und Administrator. Zusätzliche Rollen können definiert und mit „Dokumententypen" verbunden werden (z. B. „Pressemeldungen" können nur mit Rolle „Presse" erfasst werden).
Publishing Prinzip	Live-Server
Technische Anforde-rungen	Serverplattform: Hardware: Intel, RS 6000, IBM/390, AS/400 Betriebssystem: Microsoft Windows NT/2000, IBM AIX, Linux, SUN Solaris, IBM OS/2 Clientplattform: Als Client kann ein Web-Browser ab der Version 4 verwendet werden.
Eingesetzte Datenbank	WebGate basiert auf Lotus Domino, speichert alle Inhalte in einer Domino-Datenbank ab. Nativ-Zugriffe auf relationale Datenbanken (Oracle, MS SQL Server, Sybase, IBM DB/2) sind möglich, sonst über ODBC Zugriff auf ERP-Systeme (SAP, Baan,...) möglich. Lotus Domino
Webserver	Lotus Domino
Referenzen	Aachener und Münchener Versicherungen Deutsche BA Deutsche Bundesbank Dr. Oetker Henkel Miele
URL	http://www.innovationgate.de

3.1.56 Weblication - Scholl Communications

Anwendungs-schwerpunkt	Aufbau neuer Präsenzen oder Pflege von Teilbereichen in bestehenden Präsenzen auch auf virtuellem Server. Das System kann sehr schnell, einfach in bestehende Präsenzen zur Pflege der Seiten integriert werden. Keine Datenbank erforderlich.
Sonstige Angaben	Das System wurde in Perl entwickelt und erfordert daher minimale Server-Voraussetzungen.
Workflowm-anagement	Geplant in der Enterprise Version.
Zugriffsverwal tung	Der Webmaster gibt über Konfigurationsdateien vor, was der Anwender verändern und verpflegen darf.
Publishing Prinzip	Änderungen werden auf dem Live Server durchgeführt.
Technische Anforde-rungen	Serverplattform: Betriebssystem: Linux, Microsoft Windows NT/2000 Clientplattform: Beliebig; Browser dient als Frontend
Eingesetzte Datenbank	Keine – wird nicht benötigt
Webserver	Apache Web Server unter Linux Microsoft Internet Information Server unter Windows NT
Referenzen	SmithKline Beecham Consumer Healtcare (http://www.sb-consumer.de) Casino Baden Baden (http://www.casino-baden-baden.de) Vivil (http://www.vivil.de)
URL	http://www.scholl.de; htpp://ww.weblication.de

3.1.57 Web Option - Dr. Wirth Information Technology GmbH

Anwendungs-schwerpunkt	Mehrstufige Redaktionsprozesse mit vielen Redakteuren, die einen strukturierten Workflow erfordern.
Sonstige Angaben	Basis auf Lotus Notes
Workflow-management	Es unterstützt linearen Workflow. Auch komplexe Workflows in Abhängigkeit von Geschäftsprozessen und Bedingungen können abgebildet werden. Loadbalancing und Workflow-Planung stehen zur Verfügung.
Zugriffsver-waltung	Rollenkonzepte sind frei definierbar. Benutzer können unterschiedliche Rollen in verschiedenen Bereichen innehaben. Benutzer- und Gruppenverwaltung sind vorhanden. Eine Anbindung an Verzeichnisdienste (z. B. LDAP) ist möglich.
Publishing Prinzip	Der Publishingprozess erfolgt live und dynamisch. Es können aber sowohl als auch Staging Server zwischengeschaltet sein, sofern sich die Notwendigkeit dazu aus den Anforderungen des Kundenprojektes ergibt.
Technische Anforde-rungen	Serverplattform: Windows NT/2000; Sun Solaris 2.5.1; Mac OS X Server; HP UX Clientplattform: Browserbasiertes Frontend für alle Funktionen
Eingesetzte Datenbank	Oracle 7, Oracle 8 Microsoft SQL Server 6.x oder 7.x Sybase System 10 oder System 11 Informix, OpenBASE; FrontBASE, generelle Anbindung über ODBC WebObjects Application Server
Webserver	Netscape Enterprise 2.0 oder höher; Microsoft Internet Information Server 2.0 oder höher, Apache
Referenzen	Washington Post, Seattle, USA Postbank, Darmstadt Sony Music, USA Apple Learn & Earn, USA
URL	http://www.dr.wirth.de

3.1.58 WebSynergy - CONTIUUS Software GmbH

Anwendungs-schwerpunkt	Softwareprodukt für Internet- und Unternehmenssoftware-Asset-Management. Man bietet: Continuus/WebSynergy: Lösung zur Verwaltung von Web-Inhalten und Software für Web-Entwicklungsteams. Webbezogenes Verwalten in Intra- und Internet-Sites.
Sonstige Angaben	Continuus/ProjectSynergy: ermöglicht das Verteilen von Aufgaben, den Abgleich von Aufgabenfristen, die Umverteilung von Ressourcen und die Verfolgung von Entwicklungsaufgaben in Continuus/CM aus der Microsoft Project-Umgebung. Continuus/Web ChangeSynergy: Automatisierung und Verwaltung von Änderungsabfragen bei Entwicklungsprojekten von software- und webbasierten Applikationen.
Workflow-management	Contiuus/WebSynergy unterstützt einen taskbasierten Workflow, der sämtliche Prozesse wie Redaktion, QS und Produktion beinhaltet. Über die diversen Rollen, u. a. dem Web-Master (Build/QS/Manager), wird die Website bis zum Produktivsystem Schritt für Schritt einem gewünschten Reifegrad entgegengeführt. Nur ausgewählte und abgeschlossene Tasks, die inhaltlich und technisch verifizierte HTML-Seiten, Javasourcen, Bilder, etc. enthalten, werden durch einen Query-basierten oder manuellen Reconfigure-Process in die nächsthöhere Qualitätsstufe übernommen. Entsprechende Rollback-Mechanismen gewährleisten, dass im Notfall jederzeit auf einen Teil oder die komplette Version der vorhergehenden Web-Site zurückgesprungen werden kann (Fallback, Disaster, Recovery).
Zugriffsver-waltung	Es gibt drei vorgegebene Rollen: Content Developer, Web Developer und Web-Master, die unterschiedliche Aufgaben und Rechte besitzen. Jeder User kann eine oder auch mehrere Rollen innehaben. Darüber hinaus können mehrere User über die Option Group Security in gemeinsamen Arbeitsgruppen zusammengefasst und voneinander abgeschirmt werden. Falls gewünscht, ist es prinzipiell möglich, neue Rollen mit entsprechenden Zugriffsrechten zu definieren.
Publishing Prinzip	Der von Contiuus empfohlene Workflow sieht einen Development-, einen Staging- und einen Live-Server vor, der jedoch nach Wunsch reduziert (z. B. Development -> Live) bzw. beliebig erweitert werden kann.
Technische Anforde-rungen	Serverplattform: Hardware: SUN-Sparc, HP-PA-Risc, PC-80 x 86 Betriebssystem: SUN Solaris 2.5/2.6, HP-UX 10.20, Microsoft Windows NT/2000 Clientplattform: Der Client basiert komplett auf einem HTML- und Java/Javascript-fähigen Browser und benötigt keinerlei Zusatzsoftware. Offiziell unterstützt und getestet wurden folgende Browser: Netscape Communicator 4.5, Microsoft IE 4.02 und 5.0.
Eingesetzte Datenbank	Informix 5.x (unter allen gängigen UNIX Derivaten) – Informix 7.x (unter Windows NT 4.0) Continuus benutzt keine spezielle Middleware, sondern eine eigene und HTML-basierte Client-Server-Technologie, die jeweils auf TCP/IP aufbaut.
Webserver	UNIX: Netscape Enterprise Server 3.5/3.6 Microsoft Windows NT: Microsoft Internet Information Server 4.0 Andere Webserver wie der GNU Apache wären denkbar, werden momentan aber nicht getestet und unterstützt.
Referenzen	BMW Dresdner Bank US Internet
URL	http://www.continuus.de

3.2 Übersicht der Produkte und Einsatzbereiche

Die zwanzig wichtigsten Produkte am Markt werden in folgender Übersicht den Einsatzbereichen zugeordnet (Abbildung 10 und 11).

Legende: Einsatzbereiche werden unterstützt: x -etwas, xx –mittel, xxx – stark

Produkt und Hersteller: / Einsatzgebiete	Infobroker	Cross Media Publishing	Unternehmensinformation	Dokumentenmanagement	Informationspool	Wissensmanagement	Training	Portale	Customer Interaction & Care	Customer Relationship Management	Kommerzielle Community	Application Service Provider	E-Commerce /Marktplätze
Community Webfair	xx		x	xx	x	x	x	x	x	xx	xxx		xx
Contens Professional Contens Software	xxx		xx	x	xx	xx							xxx
Documentum Documentum	xx		xx	xxx	xxx								xx
Info Server Hyperwave	xxx	x	xx	xx	xxx	xxx	xx						
Infosite Sitepark	xxx		xxx	xx				xxx				xxx	xx
Internews Media Artists	xx		xx	x	xx			xx	x	xx	xx		xx
InterRed InterRed	xxx		xxx	xxx	xx	xx		xxx	xx		xxx		x
Mediasurface Mediasurface	xxx	xxx	xxx	xxx	x			x				xxx	xxx
NPS Infopark	xxx	xx	xx	xx	xx			xx					xx
Obtree Obtree	xxx	x	xx	xx	xx			x					

Abbildung 10: Produktübersicht Teil1

Produkt und Hersteller: / Einsatzgebiete	Infobroker	Cross Media Publishing	Unternehmensinformation	Dokumentenmanagement	Informationspool	Wissensmanagement	Training	Portale	Customer Interaction & Care	Customer Relationship Management	Kommerzielle Community	Application Service Provider	E-Commerce /Marktplätze
One-To-One Broadvision	xx	xx	xx	xxx		x		xx	x	x			xxx
Panagon FileNET	x		xxx	xxx	xx								xxx
Pansite Pansite	xxx		xxx	xx	xx		x				xxx	xx	
Pirobase Pironet	xx		xx	xx	xx	xx	x					xx	
RedDot RedDot	xxx	x	xxx	xx	xxx			xx				xx	
SixCMS SIX	x	x	xx	x	xx			x	xx	xx			xxx
TeamSite Interwoven	xxx	xxx	xx	xx	xx			xx	x	xx			xxx
VIP CM Gauss	xxx	xxx	xx	xx	xx	xx	x	xxx				xx	xx
V/5 Vignette	xxx	xxx	x	xx	xxx			xxx					xxx
Web Gate Innovation Gate	xxx		xx	x	x								xxx

Abbildung 11: Produktübersicht Teil 2

3.3 Sonstige Produkte

Jede Woche tauchen am Markt neue CMS-Produkte auf. Folgende Übersicht führt einige weitere interessante Produkte auf.

Produkt	Hersteller	Link mit http://www.	Kommentar (Einsatzgebiet, Beispiele)
Adenin	adenin TECHNOLOGIES AG	adenin.de	Adenin entwickelt webbasierte Plattformen für die Integration aller Arten von Informationen (Content), Diensten und Anwendungen unter einer Web-Oberfläche. Kernkompetenz ist die Entwicklung von Enterprise-Portalen und Mobile-Portalen.
Allegis Solution	Allegis Cooperation	Allegis.com	Collaborative Commerce Software. Allegis Applikationen ermöglichen „Team Commerce" – die Möglichkeit für einzelne Unternehmen zusammenzuarbeiten, um so ihren Wert für den Kunden zu steigern und mehr Produkte an eine größere Zahl von Kunden an mehreren Orten zu verkaufen. Allegis ermöglicht Team Commerce: das Zusammenkommen von traditionellen Wiederverkäufern bis zum E-Commerce und entstehenden Internet Marktplätzen — und dabei wird über all diese Kanäle Zusammenarbeit und Integration ermöglicht.
Arideon	Arideon	Arideon.de	Lernen und Wissensportale
Ascential Software	Informix Corporation	informix.de	Informix will sein Image vom reinen DB-Spezialisten zum "E-Business-Marketing"-Spezialisten umwandeln. Die Ascential Software (Informix-Tochter, ehemals Informix Business Solutions - Menlo Park, Silicon Valley) bietet Infrastrukturlösungen für Daten-Integration und Content Management.
CAMS	Hewlett-Packard	hp.com hewlett-packard.de	Content Authoring and Management System (CAMS).
Cassiopeia Community	Cassiopeia AG	Cassiopeia.de	Community Bussiness, z. B. Bizcity
CEYONIQ	CEYONIQ AG	ceyoniq.de (ce-ag.com)	CEYONIQ ist lt. Herstellerangabe intelligentes Content-, Dokumenten- und Archiv-Management. Portierung des "Document Server" auf Linux.
Content Manager	plenum New Media AG	Plenum.de	Kommunikations- und Prozesslösung für E-Business bis Webtainment, vom Internet bis zum Satelliten-Broadband.
Corporate Portal Offering	IBM	ibm.com/businesscenter/de	IBM Initiative "Corporate Portal Offering" (CPO) - Knowledge- und Content-Management-System: IBM entwickelt ein XML-basiertes Content-Management-System (Next Generation Internet), M-Commerce (über WAP-Telefone oder PDAs) erfordert die Trennung von Inhalt und Layout (Erscheinungsbild).

Produkt	Hersteller	Link mit http://www.	Kommentar (Einsatzgebiet, Beispiele)
Day (Communiqué 2)	Day Interactive Switzerland AG	daynetwork.com	Day (Communiqué 2) Communiqué des Schweizer Anbieters Day setzt Schwerpunkte auf Web-Site-Management, Content-Verwaltung und Web-Site-Administration. Es bietet Applikationsentwicklung, Java-Integration, XML-Support, Unicode-Unterstützung und WAP-Einbindung. Es ermöglicht Unternehmen, sämtliche geschäftsrelevanten Informationen und Prozesse ins Web zu integrieren, lässt sich nahtlos in heterogene IT-Umgebungen einfügen und an alle gebräuchlichen Datenbanken anbinden. Das hochmodulare High-End-System benötigt allerdings viel Know-how. Eingesetzt wird das System unter anderem bei 3M, CERN, SwissRe und der UBS.
digital advertising	Digital advertising AG	da-ag.com	Die digital advertising AG ist eine Full-Service-Internet-Agentur/Multimedia-Agentur, die Web-Content-Management-Systeme für die Bereiche E-Marketing, Softwareentwicklung, Consulting, Hosting anbietet.
Dynamo e-business suite	ATG - Art Technology Group	ATG.com	Einsatz bei Personalisierung, E-Commerce
EMPower	Ektron	ektron.com/	WCMS
Expressroom I/O	starbase	Starbase.com	CMS
Gate-Builder	Conceptware AG	www.conceptware.de	Gate-Builder ist eine Plattform für dynamisches Content- und Community-Management im E-Business. Kennzeichnend sind modularer Aufbau und flexibler Ausbau. Gate-Builder realisiert Content-Syndication auf Remote-Sites und WAP/GPRS-Handys. Komfortable Content-Pflege per Workflow-Publishing / Integrierte Suchengine, Online-Hilfe und Analysefunktionen.
Icon Parc	IconParc GmbH	iconparc.de	Die IconParc GmbH ist ein Softwarehaus und Anbieter von Internet- und Intranet-Anwendungen sowie E-Business-Applikationen. Mit dem IconParc eBusiness-Framework mit dem Modul "Content Manager" lassen sich redaktionelle Inhalte für Web-Anwendungen bzw. einen Online-Auftritt erfassen und pflegen.
Informartion Management	Platinum/CA	platinum.com	E-Business, B-Management, Portale, Wissensmanagement
Inwema	Inwema AG	Inwema.de	CMS
Ixos	Ixos Software AG	ixos.de	Archive 4.0/Doculink/Exchange-Archive. bzw. Internet-Redaktions-Systeme.
Livelink	Opentext Cooperation	www.livelink.com opentext.com	Dokumentenmanagement, Content Management Services, E-Business Livelink® ist eine hoch skalierbare, umfassende Umgebung für die Entwicklung von webbasierenden Intranet-, Extranet- und E-Business-Anwendungen.

Produkt	Hersteller	Link mit http://www.	Kommentar (Einsatzgebiet, Beispiele)
Merant Egility Web Content Management	MERANT GmbH	merant.de	Für die Verwaltung von Web-Sites und der Erstellung von E-Commerce-Sites.
MKS Web Integrity	MKS Mortice Kern Systems Inc.	mks.de	Eine Web-Site-Management-Lösung für das Erstellen und Ändern von Web-Seiten und deren Inhalten mit integriertem, kontrolliertem und sicherem Prozess.
NCompass	NCompass Labs	Ncompass.com	Web-Content-Management-System, das auf der Microsoft Plattform steht und die Funktionen eines offenen COM-basierenden API für die Publikation bietet. Referenzen sind u. a. unterschiedliche Microsoft Departments.
Net-it Central	Splendid Consulting	netit.splendid.de	Intranet Document Publishing
NetFicient.Publishing	Deutsche Bank/Lotus	Netficient.de	Publishing, Wissensmanagement, Business Service
Nextra internet communication services	Nextra	nextra.de	Service rund um das Internet - europaweit individuelle Internet-Lösungen: vom Internet –Zugang bis hin zu integrierten Kommunikations-Lösungen
OpenBox	XWebDesign	openbox.ch	Modularität, einfache Bedienung und ein günsiger Preis machen die auf ColdFusion basierende OpenBox zu einem idealen CMS für KMU und Vereine. Eingesetzt wird OpenBox unter anderen bei Literalino.ch und 444.ch.
OpenCMS	OpenCms Gruppe	opencms.com	CMS - open Source
OpenShare	Infosquare	infosquare.com	Web Application Platform
Peregrine	Peregrine Systems	peregrine.com	Katalog- und Content-Management-Lösung – Umsetzung eines E-Commerce-Portals "Get2Connect.net".
Plumtree	Plumtree Software	Plumtree.com	Portal auch für Unternehmen
Portal Builder	Tibco Software Inc.	tibco.com	Infrastruktur-Software für auf E-Business spezialisierte US-Markt-Anbieter und für Anbieter von Echtzeit E-Business-Lösungen
Resy	Mindways Multimedia	Mindways.de	CMS zur Online-Pflege für Internet, Intranet und Extranet
Roxen Plattform	Roxen	roxen.com	Web Content Management
SAPERION	SAPERION AG	saperion.de	Produkt bietet für unternehmensweites Dokumenten- und Wissensmanagement auch die Funktionen für Qualitätsmanagement, Project Engineering
Share	2Bridge	2bridge.com	Portal, eBusiness-Lösung
Seviware	Sevitec	seviware.ch	Ein modulares, standortunabhängiges CMS speziell für KMU. Das Tool wird nicht beim Kunden installiert, sondern von Gaam Internet Services betreut. Seviware wird unter anderem von der Model Company und der Stadt Altstätten genutzt.

Produkt	Hersteller	Link mit http://www.	Kommentar (Einsatzgebiet, Beispiele)
Siebel Jana Contact Enterprise	Siebel Janna Systems	janna.com	Enterprise E-Business-Relationship-Management und E-Business-Application
Site Server	Microsoft	microsoft.com/	Web-Site-Publishing, Portal
WebBuilder	Staps Magicom	staps.de	Produkte für interaktive Internet- und Intranet-Anwendungen/Content Management und Knowledge-Management.
Webfaktory	Nexus GmbH	nexus.de nexus.de/webfaktory	Web-Content-Management (Web-Publishing in Echtzeit): Die Software soll Realisierung und Bereitstellung von dynamischen Internet-Angeboten aus bestehenden Datenbanken beschleunigen.
WebL@b CM	BRAIN FORCE SOFTWARE GmbH	brainforce.com	Content-Management-System : Klare Trennung von Inhalt und Layout, Verwendung von XML, Java, PHP3. Erzeugung von dynamischen Web-Sites, Personalisierung, Abbildung von kundenspezifischen Workflows. Erfassung und Neuordnung des Contents/ Ganzheitliche Überführung der Inhalte in eine neue Site Machbarkeitsanalysen/ Strukturanpassungen und Bereinigungen. Services: Design und Realisierung Erstellung kompletter Web-Sites und Portal-Sites, Online-Handelsplätze.
WebLayouter	engram AG	engram.de	Der engram WebLayouter ist ein Redaktionstool, mit dem vielfältige Inhalte im Internet und auf SB-Terminals multimedial, interaktiv und dabei zeitnah und aktuell bereitgestellt werden können.
Webman	webman AG	webman.de	Web-Seiten-Produktionssystem: Server-Software basiert auf Java-Servlet-Technik (nutzt RDB) und bietet ein Tool, das eine Trennung von Redaktions- und Produktionsabläufen erlaubt.
WebSite Director	Cyperteams	Cyberteams.com	Content Management und TeamSite Management
Up2date	Hucon Multimedia GmbH	Hucon.de	Content Management Einstiegs-System auf ASP-Basis
Xred	Blue Orange Internetservice	Xred.de	WCMS mit Modulen
Zope	Digital Creations	Zope.org	Open Source Web Application Server

3.4 Tabelle Preise

Die in der Tabelle angegebenen Preise sollen der ersten Orientierung dienen. Auf Grund der ständigen Veränderungen am Markt und der zu lizensierenden Umfänge der jeweiligen CMS-Lösung entstehen natürlich entsprechende Preisbeeinflussungen und Schwankungen.

Hersteller	Produktname	aktuelle Version	Preise
Allaire	Spectra	1.0	Spectra ca. 15.000 DM (setzt ColdFusion Enterprise Server voraus, ca. 7.000 DM)
Arago GmbH	DocMe	2.8	Starterpack DocMe Server Edition 15.000 DM
Bouncy Bytes Software GmbH	Synformation.com	-	25.400 DM (Standard Edition, inkl. 10.000 PageViews, eine Domain), 116.000 DM (Enterprise Edition, inkl. 100.000 PageViews, beliebig viele Domains), zusätzliche PageViews ab 15.000 DM (25.000 zusätzliche PageViews)
Broadvision	BladeRunner	2.0	ab 78.000 DM
Contens Software GmbH	Contens Professional	1.0	ab 30.000 DM
Content Management AG	CM4all	-	ab 20 DM im Monat (private User), ab 40 DM (Business User), für eine Profilizenz ab 100,- DM
Deutsche Bank/Lotus	NetFicient.Publishing	1.5	ab 15.000 DM
Digital Advertising AG	Digital Advertising	-	ab 49.000 DM
Digital Creations	Zope	2.1.6	Open Source
Dimedis AG	@it	3.0	19.900 DM für die PC-Lizenz (Linux, NT), 49.900 DM für die Unix-Lizenz (SUN, HP, IBM)
Eprise	Eprise Participant Server	2.5	ab 50.000 Euro (kein Limit der Websites, Redakteure oder CPUs).
Gauss Interprise AG	VIPContentManager	5e	ca. 10.000 DM (1 CPU, 1 Website, 1 Produktionssystem), ca. 27.500 DM (2 CPU, beleibig viele Websites, 1 Produktionssystem), 4.500 DM Autorenarbeitsplatz
Herrlich & Ramuschkat	IRacer	2.0	ab 5.000 DM
Hucon Multimedia GmbH	Up2date	--	ab 199 DM pro Monat (10 Rubriken) auf Application-Service-Providing-Basis
Imperia Software Solutions GmbH	Imperia	4	Starterkit mit einem User und einer Livesite 9.500 DM, Standardedition mit unbegrenzter Useranzahl bis zu 12 Gruppen/Profile und einer Livesite mit 10 Mirrorsites 46.000 DM, Professionalediton mit unbegrenzter Useranzahl, 10 Livesites mit 10 Mirrorsites 88.000 DM

Hersteller	Produktname	aktuelle Version	Preise
Infopark AG	NPS	5	ab 55.000 DM Gesamtsystem Für die Anwendung mit 5 Clients zahlt man 40.000 DM und für 25 Clients 85.000 DM.
Innovation Gate GmbH	WebGate	5	Webgate Serverlizenz mit 5 Redaktionsclients Lizenzen 29.000 DM, weitere Preise auf Anfrage
Interred	Interred	3.0	Standardversion 3.600 Euro, Profi-Version (mit allen Zusatzmodulen für 5 Benutzer) 14.350 Euro
Inwema AG	Inwema	2.1	ab 5.000 DM
Interwoven	TeamSite	4.2.1	ab 70.000 Dollar
NetObjects	Authoring Server Suite	2000	Server ab 3.300 DM (2 User), Suite-Clients ab 1.400 DM (2 User)
Obtree	Obtree		ab Fr. 38.000.- (Lizenz), Fr. 15.000.- (Implementation);
OpenCms Gruppe	OpenCMS	4.0	Die Software OpenCMS ist Open Source und steht auf der Homepage der OpenCms Gruppe zum Download bereit.
Pansite GmbH	Pansite	3.0	Enterpriselizenz 62.000 DM, 5-User-Lizenz 28.500 DM, spezielle Lizenz für Agenturen 5.000 DM pro Website, als ASP-Angebot ab 490 DM im Monat
Plenum New Media GmbH	Content Manager	2.06	ab 16.000 Euro
RedDot	RedDot	1.0	Grundpreis: 24.500 DM, Subadministrator 4.900 DM, Chefredakteur-Modul 2.900 DM, unbegrenzte Redakteursarbeitsplätze 8.900 DM
Roxen	Roxen Plattform	2.0	ab 11.500 Dollar (Preis pro Website, mit 10 Autorenplätzen und zwei virtuellen Servern)
Schema GmbH	SchemaText	-A19	ab 5.000 DM
Sevitec	Seviware		ab Fr. 5.000
Sitepark GmbH	InfoSite	-	ab 50.000 DM
Six Offene Systeme GmbH	SixCMS	3.0	Ca. 40.000 DM, (Serverlizenz, unbegrenzte Userzahl)
Sörmen	Content Management Suite	2.0	Server ab 30.000 DM, Client je 6.000 DM, SDK 12.000 DM, zuzüglich Mehrwertsteuer
Splendid Consulting	Net-it Central	3.5	ab 8.000 DM
Starbase	Expressroom I/O	-	ab 40.000 Dollar
Syntags GmbH	Syntags ContentBase	1.1	ab 2.500 Euro
System bureau GmbH	Amsterdam	2.1	50.000 DM für die Basislizenz mit 10 Redakteur-Clients, jeder weitere Client 1.000 DM
Vignette Corp.	V/5 eBusiness	5.0	ab 120.000 DM
XWebDesign	OpenBox		ab Fr. 3.765

4 Kritische Erfolgsfaktoren

Erschwerend für die Beurteilung der Einsatzmöglichkeiten von Content-Management-Systemen auf dem Markt wirkt sich die Tatsache aus, dass diese Systeme erst seit höchstens drei Jahren am Markt sind. Dieser Zeitraum ist zur Aufstellung von verlässlichen Erfahrungswerten relativ kurz. Die Möglichkeit, Vergleiche anzustellen und einheitliche Kriterien zu erarbeiten, wird einerseits erschwert durch unzureichende Vergleichsmöglichkeiten – existiert doch eine Vielfalt von Anforderungen der unterschiedlichen Kunden – und andererseits durch den Mangel an standartisierten Lösungen, z. B. bezüglich Schnittstellen und Leistung. Da der Einsatz von CMS meist sehr projektbezogen erfolgt, sind allgemein gültige Aussagen nur mit Einschränkungen zu treffen.

4.1 Technisches Auswahlverfahren

Im folgenden Abschnitt wird ein Auswahlprozess für ein Content-Management-System beschrieben. Es werden weiterhin potentielle Risiken aufgezählt sowie abschließende Empfehlungen bezüglich des Vorgehens gegeben.

Voraussetzung für die folgende Darstellung ist, dass im Vorfeld die Unternehmensprozesse präzise analysiert, Informationsflüsse dokumentiert und Wissen kartiert wurde, sowie die Festlegung erfolgte, welche Informationen verwaltet werden sollen.

Jedes Unternehmen entscheidet individuell, wie der Einsatz eines CMS erfolgt. Einige exemplarische Argumente für ein CMS sind:

- beschleunigter redaktioneller Workflow,
- erhöhte Qualität des verwalteten Contents und Vereinfachung der Qualitätssicherung,
- Wiederverwendbarkeit von Content,
- Vereinfachter Im- und Export von Content,
- Cross Media Nutzung
- sowie Einsparungen im künftigen Betrieb und in der Wartung.

Prinzipiell sprechen die Aspekte Personalisierung und Wiederverwendung des Contents für ein CMS. Als Argumente gegen eine Implementierung sind prinzipiell die hohe Investitionssumme und betriebliche Umstrukturierungen zu nennen.

Der Markt für Content-Management-Systeme ist momentan sehr unübersichtlich und lässt sich nur grob anhand der Einsatzbereiche segmentieren.

Eine Vielzahl von Firmen bietet Lösungen für unterschiedliche Bereiche und Zielgruppen an. Erschwerend kommt hinzu, dass sich viele der angebotenen Produkte aufgrund der schnellen technischen Weiterentwicklung in unterschiedlichen Stadien ihres Produktlebenszyklus befinden. Viele Hersteller werben damit, alle von den Kunden geforderten Funktionalitäten abzudecken, doch nur wenige bieten das, was das jeweilige Unternehmen sucht.

4.1.1 Voraussetzung für den Auswahlprozess

Nachdem der Entschluss gefasst wurde, ein Content-Management-System einzusetzen, muss ein Team, das die Produktauswahl durchführen wird, zusammengestellt werden. Da es sich bei einem CMS um eine Basisinvestition handelt, ist zu empfehlen, dass diesem Team sowohl das Informations-Management als auch die Leitung der Technik-Abteilung angehören. Um die gewünschten Anforderungen der späteren Anwender rechtzeitig erkennen zu können, sollten auch Vertretungen der Redaktion und des technischen Betriebes sowie ein externer Partner, der den Markt kennt und das Know-how mehrerer CMS-Produktauswahl-Projekte hat, miteinbezogen werden.

Der Strategie-Umsetzungsprozess besteht aus den wesentlichen Phasen:

- Definition der Strategie
- Ist-Analyse der IT-Systemarchitektur und Bestandsaufnahme von Produkten
- Festlegung des Sollzustands des CMS-Szenarios
- Eigentliche Produktauswahl
- Operative Umsetzung: Implementierung und Betrieb
- Sollzustand: CMS-Szenario erreichen und leben

4.1.2 Definition der Strategie

In der ersten Phase muss aus der übergeordneten Strategie die Strategie des Produktauswahlprozesses abgeleitet und erste grobe Anforderungen an das System vordefiniert werden. Insbesondere sind für die Auswahl des CMS folgende Kriterien und Dienstekennzahlen erforderlich:

- Zielgruppe (Private, Geschäftskunden und Partner über: Intranet, Extranet oder offenes Portal)
- Anforderungen der Kunden/Endanwender
- Anforderung an die Medienausgaben
- Anzahl der Page Impressions / Nutzeraktivitäten (jeweils Ist- und Planzahlen)
- Volumen des angebotenen Contents
- Format des angebotenen Contents
- Umschlaghäufigkeit des Contents
- Anzahl der Redakteure
- Geplante funktionelle Unterstützung des Dienstes (z. B.: Informationsdienst, Portal)
- Peronalisierung für den Kunden
- Partner und Zulieferer
- Einbindung von Kundensystemen (CRM)

Weiterhin sollten bei der strategischen Planung Zukunftsaspekte mit berücksichtigt werden: Es empfiehlt sich die Prüfung der Wachstumschancen der Dienstleistung, die die Einbindung von Arbeitsprozessen und die Sicherung von Standards achten sollte. So spielt der XML-Standard bei Content-Management-Systemen eine immer größere Rolle, da er den Datenaustausch begünstigt.

Im Strategiefindungsprozess muss besonders den folgenden zwei Auswahldimensionen Bedeutung beigemessen werden:

1. Strategiedimension:

Als erster Punkt ist dies der Leistungsumfang, den das Content-Management-System bieten soll. Das ist besonders wichtig, da einerseits der Markt für CMS sehr stark fragmentiert und heterogen ist, andererseits jedoch der Begriff Content Management sehr weit gesteckt und nicht leicht abzugrenzen ist. In der Strategiefindungsphase muss sich das Team klar werden, ob das Unternehmen das CMS auch in unterschiedlichen Einsatzbereichen, wie

- als Dokumentenmanagement System
- als Knowledge-Management System
- als Redaktionssystem

verwenden will.

Weiterhin gilt zu überlegen, ob ein ausbaufähiges System gesucht werden soll, das durch bestimmte Leistungsmerkmale, wie Personalisierung, Analyse, Shop-Lösungen oder fertige Schnittstellen zu Komponenten anderer Hersteller ergänzt werden kann.

2. Strategiedimension:

Ein zweiter Aspekt des Strategiefindungsprozesses ist die Wahl des Herstellerunternehmens. Es sollte von Anfang an klar definiert werden, ob man sich für ein etabliertes Unternehmen oder für ein Start-up-Unternehmen entscheidet. Start-ups setzen bei ihren Produkten tendenziell auf innovative Technologien, bieten meist eine über die Implementierung hinausgehende Anpassung des Systems an die Kunden-Anforderungen an und verlangen andererseits niedrigere Lizenzgebühren. Zu den Nachteilen zählen die meist nur kleinen Supportorganisationen, die geringe Anzahl an Partnerunternehmen sowie die unsichere Stellung am Markt.

Für etablierte Unternehmen spricht, dass sie über eine meist große Produktpalette mit einer ausgeprägten Service-Organisation verfügen. Ein breites Partnernetzwerk ermöglicht die Integration von Software-Modulen anderer Hersteller. Demgegenüber stehen die höheren Lizenzkosten sowie eine geringere Bereitschaft, das Produkt auf individuelle Wünsche "maßzuschneidern".

Wurden Produkt- und Leistungsumfang des CMS bzw. des Herstellers festgelegt, so lässt sich dieser stark fragmentierte Markt leichter überblicken und die angebotenen Produkte bewerten.

4.1.3 Ist-Analyse

Wurden die Strategie und die Rahmenbedingungen für den Auswahlprozess festgelegt, so wird eine Ist-Analyse im Unternehmen durchgeführt. Hierbei müssen

- die im Unternehmen eingesetzten Software- und Hardware-Standards,
- die bestehende Systemarchitektur,
- die Betriebsplattform und Betriebskomponenten,
- die dazugehörigen Lizenz- und Wartungsverträge
- sowie die Standards und Skalierbarkeit der Plattform aufgenommen und analysiert werden.

Neben der allgemeinen Systemarchitektur sind auch alle Drittsysteme im Detail aufzunehmen, zu denen das CMS in Zukunft Schnittstellen haben soll. Zusätzlich zu der technischen Bestandsaufnahme muss auch das im Unternehmen bestehende Know-how in der Software-Entwicklung, welches für die Template-Entwicklung notwendig ist, abgefragt werden. Die Dienste-Server und die Programmiersprache der Systemkomponenten müssen berücksichtigt werden. Um eine spätere Integration des CMS zu vereinfachen, ist auch zu empfehlen, die Betriebsorganisation zu befragen und zu ermitteln, welche grundsätzlichen Voraussetzungen wann getroffen werden müssen, um ein weiteres System zu integrieren

4.1.4 Produktrecherche

Sobald der Strategiefindungsprozess und die Ist-Analyse beendet sind, sind alle Voraussetzungen gegeben, um mit der eigentlichen Produktauswahl zu beginnen. Eine Marktanalyse und die Erstellung des Lasten- und Pflichtenhefts stellen hierbei die ersten Tätigkeiten dar. Die folgende Aufzählung umreißt nur grob die von den Kunden gestellten Anforderungen, da diese von Unternehmen zu Unternehmen stark variieren (Abbildung 12):

Systemanforderungen, Anpassbarkeit, Skalierbarkeit, Performance und Schnittstellen, Workflow-Abbildung, hierarchische Benutzer- und Rechteverwaltung, Steuerung der Inhalte, Im- und Export, Teilbarkeit des Systems, Archivierung, Versionierung, Caching sowie Link-Überprüfung.

Darüberhinaus sollten die folgenden Punkte geklärt und bei der Auswahl bewertend mit einbezogen werden:

Produkthistorie, Partner, Referenzen, Verkaufspreis für Komponenten und Lizenzen, Unterstützung bei Systemeinführung mit Schulung, Systemanpassung, Testlizenz, Unterstützung bei Wirkbetrieb mit Support, Wartung und Betriebsunterlagen.

Die Plattform soll Interaktivität/Transaktionen und Prozessunterstützung gewährleisten, dabei sollten eine klare Navigationsstruktur und Suchfunktionen/Linkmanagement gegeben sein. Es sollten Möglichkeiten zur Personalisierung vorhanden sein, ebenso müssen sich die Rollen- und Berechtigungskonzepte umsetzen lassen. Sowohl Aggregation als auch Reduktion von Informationen sollten möglich sein. Bei Bedarf sollten eine Vielzahl von Autoren eingebunden werden können. Eine Orientierung an den Bedürfnissen der Nutzer sollte im Vordergrund stehen. Nicht zuletzt tragen hohe Attraktivität und gutes, modernes Design zur Akzeptanz bei.

Parallel dazu sollte die Plattform Funktionalität gleichzeitig die Generierung und Weitergabe von "First Class Content" unterstützen. "First Class Content", das sind aktuelle Informationen mit qualitativ hochwertigen Inhalten, auf die schnell zugegriffen werden kann. Dieser Content ist personalisierbar und kann sowohl in Communities integriert als auch für den Aufbau virtueller Erlebniswelten verwendet werden. Die Plattform Funktionalität soll die Nutzung aller Content-Typen ermöglichen.

Im nächsten Schritt wird geprüft, ob die beschriebene Funktionalität vorhanden ist und mit welcher Technik und Methode die jeweiligen CMS die Anforderungen erfüllen. Die erste Selektion sollte nach zuvor festgelegten K.O.-Kriterien, z. B. mögliche Schnittstellen zur bestehenden Architektur, erfolgen; eine weitere Selektionsrunde nach dem Erfüllungsgrad der gewünschten Funktionalitäten. Wurde die Anzahl der Hersteller auf drei oder vier reduziert, so ist zu empfehlen, von diesen Firmen eine Produktpräsentation bei Referenzkunden zu initiieren.

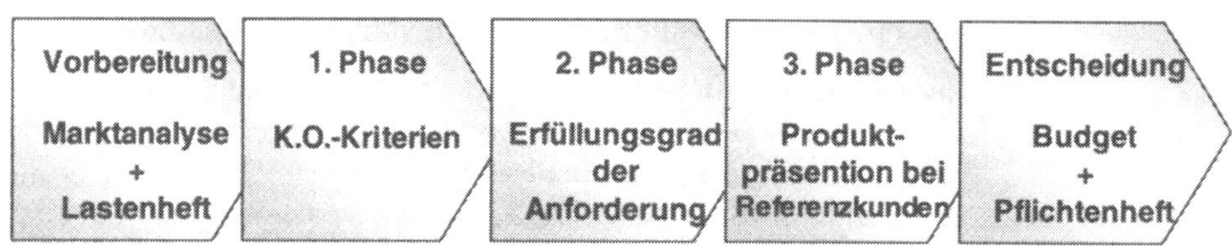

Abbildung 12: Phasen der Produktrecherche

Der Auswahlprozess ist abgeschlossen, wenn sich das Unternehmen für ein Produkt entschieden hat. Um eine zügige Integration zu ermöglichen, sollten unbedingt schon jetzt zwei weitere Themen fixiert werden. Zum einen ist dies das Budget für Investitionen in Lizenzen, Hardware und Implementierung sowie die geplante Umsetzung im Pflichtenheft. Zum anderen sollte in Absprache mit dem Produkthersteller die Betriebskosten des Systems der Zeitrahmen und die Ressourcenplanung für die Integration des CMS definiert werden. Für den gesamten Produktauswahlprozess müssen vier bis acht Wochen geplant werden.

4.2 Organsiatorische Auswahlverfahren

Der Wert eines Unternehmens misst sich immer mehr an seiner Fähigkeit, Wissen und Prozesse geschickt zu strukturieren und zu verwalten, um den Markt zu bedienen. Deshalb sollte es Ziel sein, eine Content-Management-Systemlösung erfolgreich einzuführen und zu betreiben. Dazu muss klargestellt werden, welche Einsatzbereiche schwerpunktmäßig (z. B. E-Commerce, Cross Media Publishing und Infobroking) abgedeckt werden sollen. Mit Hilfe des unten erläuterten Schichtenmodells (Pyramidenmodell) sollen die Kriterien für eine erfolgreiche Lösung näher betrachtet werden.

4.2.1 Platzierung des CMS auf der Landkarte der Einsatzgebiete

Ein Kriterium stellt die Platzierung des CMS auf der Landkarte der Einsatzgebiete dar (Abbildung 13). Das einzusetzende System soll das gewählte Geschäftsmodell unterstützen. Die Platzierung ist ein Vorauswahlkriterium für das Produkt CMS selbst, da viele angebotenen CMS Branchenspezifika aufweisen. Die Prioritäten und Umfänge der einzelnen zu unterstützenden Einsatzgebiete schränken die Wahl ein (Abbildung 13).

In diesem Zusammenhang ist es wichtig zu untersuchen, an welcher Stelle der Wertschöpfungskette ein CM-System eingesetzt wird. So stellt sich die Frage, ob mit dem CMS selber Wert geschöpft werden kann, oder ob es primär zur Optimierung von Unternehmens- und Betriebsabläufen dient. Im letzteren Fall wäre zu prüfen, inwieweit Einsparungspotentiale im Betrieb und der Optimierung liegen. Eventuell ist zu erwägen, nach der Einführung des CMS eine eigene Wertschöpfungskette mit dem CMS einzuführen.

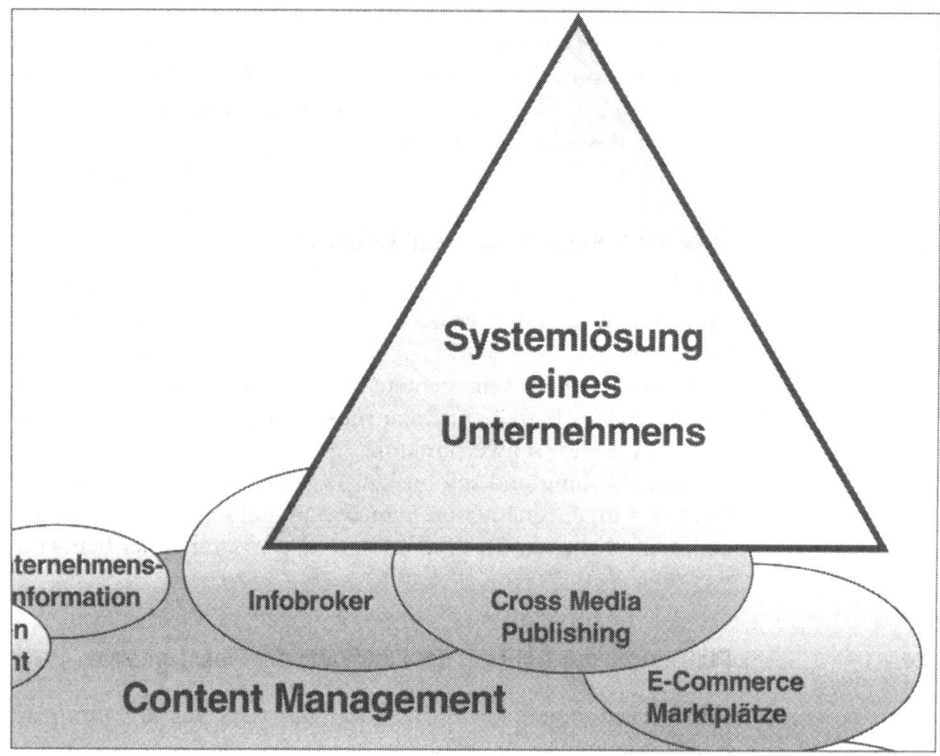

Abbildung 13: Systemlösung im Einsatzbereich des Content Management

4.2.2 Schichtenmodell

Die Pyramide in Abbildung 14 beschreibt die Voraussetzungen für die Einführung eines Content-Management-Systems. Dabei ist es wichtig, dass die Anforderungen der einzelnen Schichten passend aufeinander aufbauen. Die Erfolgsfaktoren ergeben sich aus der Passgenauigkeit der einzelnen Schichten. Die beiden untersten Schichten der Pyramide spiegeln das Anforderungsprofil an das CMS wieder. Die oberste Schicht bestimmt dabei die Funktionalitäten des Systems. Die einzelnen Leistungsmerkmale wurden in Kapitel Klassifizierung charakterisiert.

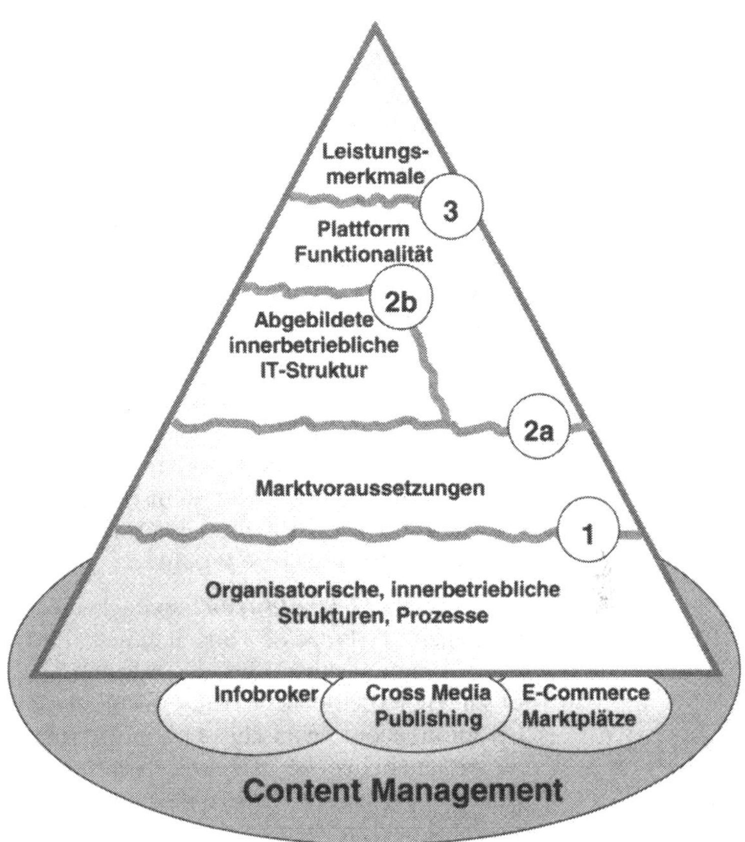

Abbildung 14: Erfolgsfaktoren einer Systemlösung eines Unternehmens

Die unterste Schicht der Pyramide stellt die Basis für die weiteren Schichten dar. Auf den *„**organisatorischen, innerbetrieblichen Strukturen und Prozessen**"* sowie den informellen personellen Voraussetzungen bauen die *„**Marktvoraussetzungen**"* auf. Wichtige Faktoren der Marktvoraussetzungen sind die Fragen: Wie wirkt das Unternehmen auf dem Markt? Welches sind die Kunden und ihre Anforderungen? Mit welchen Partnern wird gearbeitet? Wo liegen die Einsatzgebiete für CMS?

Aus den Antworten auf diese Fragen entwickeln sich die Anforderungen an die Organisation des Unternehmens. Diese wird bestimmt durch die folgenden Faktoren: Rollen im Unternehmen; Aufgaben, Strukturen und Zusammenhänge; Service-Prozesse und Workflow; verantwortliche Personen und Gruppen; betriebliche und unternehmensspezifische Struktur; Kompetenz der Mitarbeiter; Akzeptanz gegenüber den betrieblichen Hilfsmitteln (in diesem Fall CMS).

Die Schicht ***„Marktvoraussetzungen"*** bestimmt das angestrebte Marktsegment und das Wertschöpfungspotential. Folgende Aspekte sind hier zu klären:

Optimierung der betrieblichen Abläufe; Vereinfachung der Akquise für den Content; Erschließung neuer Wertschöpfungsstufen; Erzielung von Mehrfachnutzung und Wiederverwertbarkeit, Berücksichtigung der Flexibilität der betrieblichen Abläufe; Beschleunigung der redaktionellen und qualitätssichernden Prozesse; Bestimmung der Wachstumschancen; Unterstützung neuer Geschäftsmodelle; Sicherung der zukünftigen Investitionen durch Standards und langlebige Produkte.

Die Schicht ***„IT-Strukturen"*** spiegelt die im Unternehmen notwendigen IT-Prozesse im Rahmen der Produktherstellung, Marktkommunikation und des Partnermanagements wieder. Es ist die innerbetriebliche Umsetzung der Marktvoraussetzungen auf informationstechnischer Ebene. Sie stellt die eigene allgemeine Systemarchitektur dar und beinhaltet gegebenenfalls auch externe Systeme. Weiterhin gehören die Betriebsplattform und Betriebskomponenten sowie die technische Integration zu dieser Ebene.

Die ***Schicht „Plattform Funktionalität"*** ermöglicht eine Unterstützung der Marktvoraussetzungen. Sie beinhaltet die Einbindung vorhandener Datenbestände in das CMS, die Erweiterung von Datenbeständen und Datenstruktur sowie die Einbindung von Funktionalitäten über der bestehende IT-Struktur hinaus.

Parallel dazu und in Abhängigkeit zu den Marktvoraussetzungen erfolgt die Integration der Schicht ***„innerbetriebliche IT-Strukturen"*** in die ***Plattform Funktionalität***.

Stichpunktartig seien hier die wichtigsten, auf einander einwirkenden und die ***„Plattform Funktionalität"*** beeinflussenden Faktoren genannt:

Integration von Multimediadaten; Verwaltung von Informationen in Templates; Unterstützung von CI-Vorgaben; Qualitätskontrolle; Eingabe von Metadaten; Suche in Datenbank und Archiv; Editieren von Metadaten und Service-Informationen; Versionierung und Archivierung von publizierten Inhalten für Kunden und Redaktion; Rückfallvarianten im Fehlerfall; Erstellung eines Archivs mit Überblickseiten; Übernahme und Konvertierungmechanismen für die Redaktion; Eingabe der Inhalte und Redaktion an verteilten Standorten; Plausibilitätsprüfung für Zeitraum und Präsentationsmedium; Ankündigung von Life-Events; Betriebswerkzeuge auf Basis von Standard Office-Anwendungen; Bereitstellung von Online-Hilfe und Navigationskomponenten; Bekanntgabe der Präsentationsform (GUI); festgelegte Kontaktstellen und Support.

Die Schicht ***„Leistungsmerkmale"*** stellt eine detaillierte Beschreibung des Produktes CMS dar. Sie enthält alle Produktmerkmale und Funktionen, die letztendlich vom Unternehmen als Systemlösung eingekauft werden. Als „Spitze des Eisbergs" sind nur noch einige Produkte und Module in engerer Wahl.

Zu berücksichtigen sind hier folgende Aspekte:

Betriebs- und Hardwareplattform; Betriebskomponenten; Datenbank und Dienste-Server; Programmiersprache der Plattform und der Templates; Skalierbarkeit der Dienste; Standards; betrieblicher Nachrichtenaustausch; Zugangssicherheit und Kontrolle; Verschlüsselung; Benutzerfreundlichkeit für die Rollen; Verwaltung der Linkmechanismen, Schnittstellen zu bestehenden IV-Plattformen; Schnittstellen zu Diensten und Anwendungen.

Berührungsebene 1

Mit CMS ist es möglich, flexible Organisationsstrukturen zu unterstützen. Die Optimierung von Geschäftsprozessen und der Aufbau von neuen Wertschöpfungsketten steht im Vordergrund. Unterstützend hierbei kann der Abschluss von Allianzen und Kooperationen sowie Outsourcing wirken, da eine bessere Fokussierung auf die Kernkompetenzen ermöglicht wird. Mittels Supply Chain Optimization kann ebenfalls die Passgenauigkeit der beiden untersten Schichten des Pyramidenmodells auf Berührungsebene 1 (sh. Abb. 14) verbessert werden. Generell ist es dabei von Bedeutung, dass die Interessensschwerpunkte entsprechend der jeweiligen Rollenverteilung (Partner, Kunden, Zulieferer) genügend spezifiziert werden.

Berührungsebene 2

Die Plattform Funktionalität soll passgenau auf die Marktvoraussetzungen aufsetzen und Anwendungen und Dienste unterstützen (2a) (sh. Abb. 14). Sie beachtet Organisationsvoraussetzungen und stellt die Schnittstelle zu Mitarbeitern und Kunden dar. Darüber hinaus betrachtet sie technische Schnittstellen zur bestehenden IT-Struktur, die zur Einbindung der bereits vorhandenen Assets notwendig ist.

Marktseitig soll die Plattform Funktionalität schnelle Innovationszyklen und Produktkomplexität ermöglichen. Wissenbasiertes Business, Mass Customization sowie die Bündelung von Produkten und Dienstleistungen sind Kriterien, die für die Gestaltung einer möglichst übergangslosen Berührungsebene 2 ausschlaggebend sein können.

Von Seiten des Nutzers stellen Qualitätsanforderungen hinsichtlich hoher Nutzerfreundlichkeit und Informationsqualität zu berücksichtigende Punkte dar. Es werden zeitnahe Informationen und Prozesse sowie die Integration von Inhalt und Kommunikation gewünscht.

Berührungsebene 3

Die Berührungsebene 3 stellt eine Synthese von technischen Schnittstellen und inhaltlichen Funktionen mit Blick auf die CMS-Produkte dar.

Um die Berührungsebene 3 (sh. Abb.14) schließlich exakt abstimmen zu können, muss eine Betrachtung hinsichtlich der jeweiligen Branche und des Technologiefokus der Content Management-Lösung erfolgen. Die Marktstellung des CMS Herstellers und des Produktes, der Zeitraum seit Produkteinführung am Markt (Versionen) und die Zahl der Installationen sollte berücksichtigt werden. Anfragen/Vorführungen bei Referenzkunden können unterstützend wirken. Letztendlich ist auch die Unterstützung des Herstellers bei der Systemeinführung und während des Betriebs entscheidend.

4.3 Risiken

Das größte Risiko bei der Einführung eines CMS in einem Unternehmen liegt vor der Entscheidung für ein System und in der nachfolgenden Implementierungsphase. Häufigste Quelle für Unzufriedenheit oder problematische Implementierung sind schlecht oder fehlerhaft durchgeführte Prozessanalysen, falsche Einschätzung der Bedürfnisse von Mitarbeitern oder Kunden, schlechte Integration und Information der Mitarbeiter bei der Systemeinführung und inkonsequente Umsetzung von Geschäftsmodellen. Technische Probleme treten unter Umständen bei der Übernahme von Daten, oder im Bereich der Performance auf, sind jedoch im Vergleich zu den zuvor genannten Risiken eher niedrig einzuschätzen. Dies muss vor allem vor dem Gesamtaufwand der Einführung eines solchen Systems gesehen werden. Hier sind die Kosten für eine Prozessoptimierung oder die Umstrukturierung der Geschäfts- und Informationsmodelle sowie deren Implementation in den Betriebsablauf oft um ein vielfaches höher als die Anschaffungskosten der Software bei bestehender ausgereifter IT-Struktur. Aber auch bei der Entscheidung für oder gegen ein System können Fehler gemacht werden:

- Es werden von Beginn an die falschen Unternehmen in die Auswahl einbezogen. Ein umfassender Marktüberblick ist nur durch eine vorausgehende Marktanalyse möglich. Einen möglichen Ansatz für eine erste Kategorisierung der am Markt befindlichen Content-Management-Systeme wurde bereits oben beschrieben.

- Während der Produktauswahl werden die falschen Anforderungen an die zur Wahl stehenden Content-Management-Systeme gestellt. Sowohl technische als auch fachliche Aspekte müssen von der Projektleitung und auch von den späteren Anwendern bzw. Betreibern evaluiert werden.

- Das ausgewählte CMS lässt sich nur mangelhaft oder nur beschränkt in die bestehende IT-Architektur integrieren. Ist dies der Fall, entsteht ein erhöhter Integrationsaufwand und es kommt zu Reibungsverlusten zwischen weiteren Anwendungen. Eine Ist-Analyse der Systemarchitektur ist - wie oben dargelegt - unbedingt vorher durchzuführen.

- Ein weiteres Risiko, das mit der Größe der Redaktion steigt, ist die fehlende bzw. mangelnde Akzeptanz bei den künftigen Anwendern des CMS. Eine plötzliche Änderung im Arbeitsumfeld ohne vorangegangene Einbeziehung in den Auswahlprozess kann den späteren Betrieb erheblich beeinflussen. Ebenso einzubeziehen ist das Entwicklungs- und Betriebspersonal, um einen geregelten Übergang im Betrieb gewährleisten zu können.
- Unternehmen versuchen, die Empfehlungen und Erfahrungen, die sie von anderen Firmen erhalten haben, ohne Anpassung auf das eigene Unternehmen zu übertragen. Geschieht dies, besteht die große Gefahr, dass die eigenen Anforderungen nicht gänzlich berücksichtigt werden.
- Ein Unternehmen führt die Auswahl mit einem Partner durch, der keine Implementierungserfahrung und keinen Überblick über den kompletten Markt für Content-Management-Systeme hat.

4.4 Empfehlungen

Die Zusammenführung von technischen und organisatorischen Auswahlkriterien führt zu einer Liste von Erfolgsfaktoren, die bei einer Einführung eines CMS obligatorisch sind:

- Die Funktionen des Produkts im Vergleich zu den ermittelten organisatorischen Leistungsschwerpunkten sollten möglichst geringe Unterschiede aufweisen. Durch Ergänzungen mit anderen Produkten lässt sich eine Optimierung erzielen.
- Vor der Entscheidung für ein System sollte in jedem Fall ein Berater hinzu gezogen werden, der sich sowohl mit den Betriebsabläufen der jeweiligen Branche auskennt, als auch einen groben Marktüberblick über die Leistungsfähigkeit der Systeme hat.
- Auf Grund der Marktlage kann heute nur erahnt werden, welche CM-Systeme sich für die jeweiligen Zielgruppen in den nächsten Jahren durchsetzen werden. Deshalb sollten nur Produkte gewählt werden, die offene Standards verwenden (z. B. Java oder XML) und produktunabhängig (Datenbanken oder Server) sowie betriebssystemübergreifend laufen.

- Integrationsfähigkeit und Plattformunabhängigkeit erleichtern die Implantierung in bestehende IT-Strukturen. Medien-Neutralität von Informationen, offene Schnittstellen, Skalierbarkeit und Modularisierbarkeit bilden den Kern eines zukunftssicheren CMS.
- Unternehmen, die vor der Produktauswahl stehen, sollten auf Systemintegratoren mit fundierten CMS-Kenntnissen und Implementierungserfahrung setzen.
- Es sollte unbedingt zu Beginn der Auswahlphase eine klare Strategie definiert werden. Diese muss regelmäßig dahingehend überprüft werden, ob das CMS durch das zu wählende Produkt unterstützt wird.
- Bevor der Auswahlprozess begonnen wird, sollte im Unternehmen umfangreiches CMS-Know-how aufgebaut werden. Nur so können bei der Auswahl des Content-Management-Systems die wesentlichen Funktionalitäten erkannt, abgefragt und mit den Anforderungen abgeglichen werden.
- Die Integration von CMS in bestehende Geschäftsmodelle sollte zur Optimierung bestehender Wertschöpfungsketten vorangetrieben werden.
- Dynamische Geschäftsmodelle sollten sich ohne Probleme dynamisch in einem CMS abbilden lassen. Produktausbildungen wie hohe Komplexität und schneller Produktlebenszyklus sollten für den zukünftigen Markt realisierbar sein.

Soweit nun die Theorie. Die Checklisten im darauffolgenden Kapitel sollen es Ihnen erleichtern, die Theorie in die Praxis umzusetzen.

5 Checklisten

Fällt die Entscheidung zur Einführung eines Content Management Systems positiv aus, ist eine sorgfältige und umfassende Projektplanung notwendig, um den erfolgreichen Einsatz des Systems zu gewährleisten.

Folgende Checklisten sollen dazu dienen, das Projekt methodisch und zielgenau zu entwickeln. Dabei wurden von den Autoren die Punkte markiert, die im Allgemeinen als besonders wichtig anzusehen sind. Da die Checklisten jedoch ein breites Spektrum abdecken sollen, kann sich diese Bewertungsskala individuell nach Unternehmensausrichtung auch verschieben. Aus diesem Grund sei darauf hingewiesen, dass die Checklisten als Leitfaden zu verstehen sind, eine ausführliche, auf das jeweilige Unternehmen abgestimmte Projektplanung einschließlich Diskussion und Bewertung jedoch nicht ersetzen können.

Das Projektvorgehen gliedert sich in folgende Phasen:

Gliederung			
Wichtig	**Phase**	**Verantwortlich**	**Zuarbeit**
x	Definition der Strategie		
x	Analyse der IT-Struktur		
x	Sollzustand CMS-Szenario		
x	Bestandsaufnahme der Hersteller und Produkte		
x	Operative Umsetzung		

- Definition der Strategie: Mittels der Strategie-Checklisten "Einsatzgebiet", "Organisation und Prozesse", "Markt- und Wertschöpfungspotential" sowie "Zukunftsperspektiven" wird die Unternehmensstrategie definiert.
- Analyse der IT-Struktur: Die Analyse der IT-Struktur ergibt sich aus den "Ist-Angaben" der Checklisten "IT-Struktur".
- CMS-Szenario: Der Sollzustand des CMS-Szenarios lässt sich aus den Planangaben der Checklisten "Strategie" und "IT-Struktur" ableiten.
- Bestandsaufnahme der Hersteller und Produkte: Die in Frage kommenden Produkte ergeben sich aus den Herstellerangaben der Checkliste "IT-Struktur".
- Operative Umsetzung: Diese Checkliste soll die Planung der Implementierung und des darauf folgenden reibungslosen Betriebs unterstützen.

Legen Sie von vornherein die Verantwortlichen für die einzelnen Projektphasen und die zuarbeitenden Mitarbeiter und Abteilungen fest. Je detaillierter die Verantwortlichkeiten zu Beginn des Projekts definiert werden, desto sicherer und eindeutiger sind die Ergebnisse. Scheuen Sie sich jedoch nicht, auch den Einwänden anderer Abteilungen Gehör zu schenken und diese zu prüfen. Ein Geschäftsprozess kann sich aus einer anderen Sichtweise plötzlich anders darstellen. Je genauer Sie analysieren, desto genauer legen Sie den "Ist-Zustand" fest. Die Anforderungen an das passende System können so am präzisesten formuliert werden.

Beispiele:

Zur Verdeutlichung der Vorgehensweise bei der Arbeit mit den Checklisten wurden die Listen "Strategie - Einsatzgebiet" und "IT-Struktur - Systemplattform" beispielhaft mit Informationen gefüllt. Dabei besitzen die einzelnen Einträge keinerlei Zusammenhang. Je nach Einsatzgebiet weisen sie unterschiedliche Ausprägung aus.

(KMU: Kleine und mittelständische Unternehmen)

Beispiel 1: Strategie - Einsatzgebiete				
Wichtig	**Themen**	**Ist**	**Kundenwunsch**	**Plan**
X	Welche Zielgruppe des Unternehmens wird angesprochen?	Privatkunden	KMU nutzen verstärkt das Archiv	Ausbau für Geschäftskunden
X	Wie hoch ist die Nutzungsaktivität und wie viele Benutzer werden angestrebt?i	Betrieb mit 1000 Mitarbeitern	Vertrieb (1000 Mitarbeiter) will System nutzen	Betrieb und Vertrieb (5000)
X	Welche Menge und Tiefe des angebotenen Inhalts ist vorgesehen?	Marketing (3 Ebenen)	Produkte (30Stück) Spiele (5 Stück)	Marketing (3 Ebenen) und Produkte (30 Stück)
	Welche Anforderungen der Kunden /Endanwender bestehen?	Aktuelle, allgemeine Information	Qualität: mehr Aktualität und Umfang	Qualität: mehr Aktualität
X	Welche Formate der Medienausgabe bestehen?	Web	PDA	Telefon, PDA

Beispiel 2: IT-Struktur - Systemplattform

Wichtig	Themen	Ist	Plan	Hersteller
x	Welche Betriebs- und Hardwareplattform wird eingesetzt?	NT	NT	NPS
	Welche Betriebskomponenten werden eingesetzt?	Redaktion	Redaktion, Dokumentenverwaltung	Documentum
	Welche Dienste-Server werden unterstützt (z. B. Web)?	Webserver	Portalserver	iplanet
	Welche Programmiersprache der System-Plattform wird verwendet (z. B. für den Redakteur)?	HTML	XML	Exelon
x	Welche Skalierbarkeit des Systems ist vorgesehen?	gering	1 Mio. Nutzer pro Monat	NPS
x	Welche Standards werden eingesetzt oder verwendet?	keine	XML, LADP	GAUSS

5.1 Strategie

Einsatzgebiet				
Wichtig	**Themen**	**Ist**	**Kundenwunsch**	**Plan**
x	Welche Zielgruppe des Unternehmens wird angesprochen?			
x	Wie hoch ist die Nutzungsaktivität, und wie viele Benutzer werden angestrebt?			
x	Welche Menge und Tiefe des angebotenen Inhalts ist vorgesehen?			
x	Welche Anforderungen der Kunden / Endanwender bestehen?			
	Welche Formate der Medienausgabe bestehen?			
x	Ist eine Personalisierung für den Endanwender vorgesehen?			
x	Welches Dienste-Portfolio soll unterstützt werden?			
	Welche funktionelle Unterstützung des Dienstes (z. B.: Rechteverwaltung) wird vorgesehen?			
	Wie viel Redakteure sind vorgesehen und welches sind die Aufgaben?			
x	Welches sind die Partnerunternehmen / Zulieferer?			
	Welche Kundensysteme sollen eingebunden werden (ERP)?			

Organisation und Prozesse

Wichtig	Themen	Ist	Kundenwunsch	Plan
x	**Welche Rollen existieren im Betrieb und sollen unterstützt werden?**			
x	**Welche Aufgaben, Strukturen und Zusammenhänge bestehen und welcher Workflow ist vorgesehen?**			
	Welche Prozesse bestehen? Wer sind die verantwortlichen Personen?			
	Welche betrieblichen und unternehmensspezifischen Strukturen bestehen?			
x	**Welche Kompetenzen und Akzeptanz bestehen bei den unterschiedlichen Rollen für neue Technologie?**			

Markt- und Wertschöpfungspotential				
Wichtig	**Themen**	**Ist**	**Kundenwunsch**	**Plan**
x	**Welche Optimierung von betrieblichen Abläufen (Einsparungen) wird angestrebt?**			
	Wird die Akquise von Content vereinfacht?			
	Werden neue Wertschöpfungspotentiale erschlossen?			
x	**Wird eine Mehrfachnutzung bzw. Wiederverwendung von Content erreicht?**			
	Wird eine Flexibilität von betrieblichen Abläufen angestrebt?			
x	**Wird eine Beschleunigung der redaktionellen Prozesse erreicht?**			
	Wird eine hohe Qualität des verwalteten Content angestrebt?			
x	**Wird ein vereinfachter Import und Export von Content benötigt?**			

Zukunftsperspektiven				
Wichtig	**Themen**	**Ist**	**Kundenwunsch**	**Plan**
X	**Existieren Wachstumschancen?**			
X	**Ist eine Einbindung von neuen Arbeits- und Geschäftsprozessen möglich?**			
	Sind die Investitionen in die Zukunft durch Standards abgesichert?			

5.2 IT-Struktur

Die "Ist-Angaben" geben den jetzigen Zustand wieder, der Sollzustand wird unter "Plan" verzeichnet. Unter der Rubrik Hersteller wird die vom Hersteller geplante Umsetzung notiert.

Zyklisch aktualisierte Information (Preislisten, Adressen)				
Wichtig	Themen	Ist	Plan	Hersteller
X	Werden beliebige MM-Daten (Audio, Video, Sprache, Text, Bild) unterstützt?			
X	Ist für jede Information ein Template erstellbar nach: Struktur, Layout, Inhalt, Verweise/Verlinkung, Navigationselemente?			
	Können die Inhalte nach CI-Vorgaben gepflegt werden?			
X	Ist die Templateerstellung und –änderung ohne tiefe Kenntnisse möglich?			
X	Besteht eine Vorschau des Dienstes für die Präsentation des Inhaltes? Ist redaktionelle Kontrolle und Qualitätskontrolle möglich?			
X	Können Eingaben von Metainformationen (z. B.Kurzbeschreibung, Autor, Schlüsselbegriffe und Szenenbeschreibung) ergänzt werden?			
	Ist Darstellung und Suche von Links möglich?			
	Ist die Suche nach Daten in der Datenbank / Archiv möglich?			
X	Besteht ein einfacher Editor für Content und Metadaten?			
	Welche Versionierung und Archivierung ist für CP und Redakteur sind vorgesehen?			
X	Welche Eingabe von dienstebezogenen Metadaten (Gültigkeitszeitraum, CP/Autor, Abrechungsmodus) kann vorgenommen werden?			
	Werden Erinnerungsfunktionen für Gültigkeit, Aktualisierung für CP , Redakteure und Administration unterstützt?			
X	Werden Rückfallvarianten für Information im Fehlerfall (z. B veraltet, in Bearbeitung, etc.) vorgesehen?			

(CI-Corporate Identity; CP- Content Provider)

Zyklisch neu zu erstellende Informationen (z. B. Aufbau eines chronologischen Archivs)				
Wichtig	**Themen**	**Ist**	Plan	Hersteller
x	**Kann eine Archivierung von Informationen für den Kunden auf Dateiebene und auf Übersichts-/Navigationsebene erfolgen?**			
	Wird ein automatisches Fortschreiben der Neueinträge im Archiv und der Übersichtsebene unterstützt?			
x	**Wird ein Editor-Template für redaktionelle Neuerstellung angeboten?**			
	Bestehen Übernahme- und Konvertierungsmechanismen aus bestehenden Anwendungen für den Redakteur (z. B.Office, Unternehmensdatenbanken)?			

Ereignisgesteuerte aktuelle Information (z. B Live-Events, aktuelle Nachrichten)				
Wichtig	**Themen**	**Ist**	**Plan**	**Hersteller**
X	**Ist die Eingabe von Inhalten über verteilte Standorte mit Standard-Officeanwendungen (inkl. Browser) möglich?**			
X	**Ist die Eingabe von Service-Metainformationen (Gültigkeitszeiträume, und Verwendungszweck) möglich?**			
	Besteht eine geringe Plausibilitätsprüfung (z. B. für Zeitraum, Termin)?			
	Werden Ankündigungen von Live-Events / Ereignissen für den Kunden unterstützt?			

Ereignisgesteuerte, neu zu erstellende Information				
Wichtig	**Themen**	**Ist**	**Plan**	**Hersteller**
x	**Ist eine Eingabe von Inhalten über verteilte Standorte mit Standard-Officeanwendungen (inkl. Browser) möglich?**			
x	**Besteht eine Online-Hilfe für Dienste/Anwendungen?**			
	Werden Navigationskomponenten bereitgestellt?			
	Werden die Inhalte in einem System verwaltet?			
	Wird eine thematische Archivierung für den CP/Redakteur/Autor angeboten?			
x	**Ist eine Suche im Archiv / in der Datenbank mit Sortiermöglichkeit des Suchergebnisses möglich?**			

(CP-Content Provider)

Kunden-Kommunikation				
Wichtig	**Themen**	**Ist**	**Plan**	**Hersteller**
x	Kann der Dienst unterstützt werden: Einfache Navigation und Informationsdarstellung?			
	Sind die technischen Eigenschaften zur Darstellung des Inhaltes beim Kunden (z. B. GUI) bekannt?			
x	Sollen Hilfestellung/Online-Hilfe zum Kunden mitunterstützt werden?			
	Sollen die Kontaktstellen und der Support zum Kunden mitunterstützt werden?			

(GUI- Grafic User Interface)

Systemplattform				
Wichtig	**Themen**	**Ist**	**Plan**	**Hersteller**
x	**Welche Betriebs- und Hardwareplattform wird eingesetzt?**			
	Welche Betriebskomponenten werden eingesetzt?			
	Welche Dienste-Server werden unterstützt (z. B. Web)?			
	Welche Programmiersprache der System-Plattform wird verwendet (z. B.für den Redakteur)			
x	**Welche Datenbanken und welcher Typ werden unterstützt?**			
x	**Zugriff der Datenbanken z. B. vom Dienst und Redakteur aus.**			
x	**Welche Skalierbarkeit des Systems ist vorgesehen?**			
x	**Welche Standards werden eingesetzt oder verwendet?**			
	Ist ein betrieblicher Nachrichtenaustausch (Workflow, E-Mail) möglich?			

Datensicherheit und Datenarchivierung				
Wichtig	**Themen**	**Ist**	**Plan**	**Hersteller**
X	Welche Art der Archivierung ist möglich?			
X	Besteht ein sicherer Zugang für die unterschiedlichen Rollen (z. B. Redakteur, Kunde)?			
	Welcher Zugriffsmechanismus des Administrators und Redakteurs besteht auf das Archiv?			
X	Wie hoch ist die Sicherheit gegenüber Hackern und Kriminellen?			
X	Wo / wie lange erfolgt die Ablage von Daten nach der gesetzlichen Datenhaltung für die Dokumentierung von persönlichen und verbindungsbezogen Daten?			
	Wie ist die Datenkonsistenz bei Systemabbruch organisiert?			
	Wie ist der Ablauf der Inbetriebnahme des Systems organisiert?			
	Sind gespiegelte Systeme für Datenhaltung vorgesehen?			

Datenschutz				
Wichtig	**Themen**	**Ist**	**Plan**	Hersteller
x	**Besteht Zugangssicherheit für Autoren und Content Provider?**			
x	**Wie erfolgt die Zugangskontrolle (z. B. Passwort, LDAP, Systemkennzahl)?**			
	Werden Verschlüsselungen verwendet?			
x	**Besteht eine Zuordnung von Systembereichen für Rollen, Funktionsbereiche, Funktionen, Dateien, Daten?**			
	Wie ist die Zugangskontrolle auf der Datenbank: (z. B. lesen, schreiben, ändern, löschen) organisiert?			

Linkmanagement

Wichtig	Themen	Ist	Plan	Hersteller
X	Werden Links überprüft?			
	Werden externe Links zyklisch überprüft?			
	Sind Rückfall-Angaben für fehlerhafte Links vorgesehen?			
	Sind Erinnerungsfunktionen für den Autor zur Aktualisierung vorgesehen?			

Benutzerfreundlichkeit				
Wichtig	**Themen**	**Ist**	**Plan**	**Hersteller**
x	**Welche Frontends der unterschiedlichen Rollen (CP/Autor, Redakteur, Administration, Kunde) bestehen?**			
x	**Sind Eingaben von Inhalten über Templates vorgesehen?**			
	Können eigene Templates erstellt werden?			
	Wie hoch ist der Pflege- und Erstellungsaufwand? Wird ein Vorschaumodus unterstützt?			
x	**Bestehen variable Eingabemasken, Frontends und Formulare?**			
	Ist eine Belegung der Eingabemasken (mit Default und Werte/Textbereich) möglich?			
x	**Sind Plausibilitätsprüfungen möglich?**			
x	**Welche Hilfestellung über Online-Hilfe soll erfolgen?**			

(CP-Content Provider)

Schnittstellen zu bestehenden IV-Systemen				
Wichtig	**Themen**	**Ist**	**Plan**	**Hersteller**
x	Welcher Zugriffsmechanismus wird unterstützt und wie erfolgt die Verwaltung von bestehenden Informationen (z. B. Webserver, Datenbank)?			
x	Wie erfolgen Aufruf und Integration der Inhalte?			
	Bestehen Schnittstellen zu Office-Anwendungen?			
x	Bestehen Schnittstellen zu existierenden betrieblichen Systemen?			
	Bestehen Schnittstellen zu Datenbanken?			
	Welche Schnittstellen bestehen zu Betriebskomponenten?			
x	Welche Schnittstellen zu bestehen Diensten und Anwendungen?			
	Welche Netzwerkkommunikation ist für die IV-Systeme vorgesehen?			

(IV-Systeme - Informationsverarbeitende Systeme)

5.3 Hersteller und Produkt

Allgemeine Angaben um Hersteller und Produkt				
Wichtig	**Themen**	**Produkt A**	**Produkt B**	**Produkt C**
X	Wie lautet der Name des Herstellers?			
X	Welches Produkt und welche Version wird angeboten?			
X	Welches sind die Empfehlungen des Herstellers für eine optimale Konfiguration ?			
X	Wie lautet die Adresse (Kontaktadresse/Internet/E-Mail)?			
X	Welche Produkthistorie besteht, und welche geplanten Versionen sind vorgesehen?			
	Wie viel Mitarbeiter sind für Entwicklung, Support und Vertrieb im Einsatz?			
X	Welches sind die Partner für Entwicklung und Vertrieb?			
	Welche Marktstellung des Unternehmens - laut Referenzen Dritter – besteht?			
X	Welche Referenzen gibt es über vollständige Installationen des Produktes?			
	Welche Stärken und Schwächen bietet das System?			

Preiskonditionen				
Wichtig	**Themen**	**Produkt A**	**Produkt B**	**Produkt C**
x	**Wie hoch ist der Verkaufspreis für Software und Gesamtpaket?**			
x	**Wie hoch ist der Preis für einzelne Systemteile pro Client?**			
x	**Wie hoch ist der Preis für die zu entwickelnden Komponenten?**			
x	**Welche Preise und Konditionen sind für Lizenzen vorgesehen?**			
x	**Welche Zusatzkosten sind für Serviceleistungen vorgesehen: Einführung, Schulung, Dokumentation, Entwicklung, Support ?**			

Unterstützung bei der Systemeinführung				
Wichtig	**Themen**	**Produkt A**	**Produkt B**	**Produkt C**
X	Erfolgt eine Unterstützung bei Systemanpassung, Installation?			
X	Kann eine Zusammenarbeit bei Realisierung des betrieblichen Einsatzes erfolgen?			
	Bereitstellung von Demo-Versionen, Teststellungen			
	Können Anwendungsschulungen beim Auftraggeber inkl. Unterlagen ermöglicht werden?			
X	Können Lernprogramme bereitgestellt werden?			

Unterstützung beim Wirkbetrieb				
Wichtig	**Themen**	**Produkt A**	**Produkt B**	**Produkt C**
	Können Multiplikationsschulungen abgehalten werden?			
x	Können Betriebsunterlagen (z. B. kundenspezifische Unterlagen zu Funktionen und Schnittstellen) erstellt werden?			
x	Werden Wartungs- und Lizenzverträge für den laufenden Betrieb angeboten?			
x	Besteht Support und eine telefonische Hotline?			
	Kann eine Fernwartung erfolgen?			
	Wird ein 24-Stunden-vor-Ort-Service für technische Fehler und Probleme angeboten?			
x	Erfolgt eine Unterstützung bei Systemänderung (Entwicklung, Dokumentation)?			
	Besteht ein Benutzerkreis für das Produkt z. B. Usergroups?			

5.4 Operative Umsetzung

Realisierung				
Wichtig	**Themen**	**Verantwortlich**	**Zuarbeit**	**Bemerkung**
x	Wann ist der Projektstart vorgesehen? Welche Dauer haben die Phasen? Welche Meilensteine bestehen?			
x	Welche Arbeitspakete pro Phase und Meilensein bestehen?			
x	Welche Aufwände bestehen auf Seiten des Auftraggebers und Auftragnehmers?			
x	Wann erfolgt die Übergabe des Gesamtsystems?			
x	Welches sind die Ansprechpartner bei den Auftraggebern und Auftragnehmern?			
x	Sind Koordinationsmeetings und Statusmeetings in regelmäßigen Abständen vorgesehen?			

6 Ausblick

Das vorliegende Buch betrachtet Grundlagen, Einsatzbereiche, Szenarien und CMS-Produkte.

Leistungsmerkmale, die wir heute nicht oder nur wenig ausgeprägt erkennen können, behandeln die Frage der Qualität von Informationen und Sicherstellung dieser Qualität. Diese Qualitätssicherung ist nicht zu verwechseln mit den QS-Prozessen innerhalb des betrieblichen Workflows. Diese Qualität bezeichnet die Güte und Vertrauenswürdigkeit der publizierten Informationen.

Je mehr die Systeme als Integrationsplattform einer unternehmensweiten und unternehmensübergreifenden Systemlandschaft eingesetzt werden, stellt die Güte der kommunizierten Information das entschiedene Qualitätsmerkmal des Geschäftsprozesses dar. Zum Kommunikationsschutz müssen die Systeme verstärkt folgende Leistungsmerkmale anbieten:

- Gesicherte Kommunikation zwischen zwei Partnern mit Schutz vor Manipulation und unautorisiertem Lesen der Information (Verschlüsselung) sowie Authentifikation der Urheberschaft von Information (Digital Signatur, Digital Rights Management)
- Des Weiteren müssen die bekannten Regeln des Qualitätsmanagements nach ISO 9001 im Betrieb ebenfalls in die Organisationskonzepte von CMS einfließen.

Grundsätzlich gilt der gleiche Qualitätsmaßstab für gedruckte und elektronische Informationen. Die Praxis zeigt aber, dass elektronische Information oft anderen Maßstäben unterworfen wird. So ist es beispielsweise nicht verwunderlich, dass Produktionsbetriebe Informationen aus dem Internet ausdrucken, die fehlende oder fehlerhafte Daten enthalten. Es sollten in einem modernen CMS-System keine fehlerhaften Informationen auftreten und eine gleich bleibende Qualität für unterschiedlichen Medien erfolgen.

Die unterschiedlichen Sichtweisen von Content-Anbietern und Nutzern, die Überschneidung von Einsatzgebieten und Leistungsmerkmalen sowie der sich ständig entwicklende Markt mit „fließenden" Geschäftsmodellen wirft komplexe Fragen für die Zukunft auf:

- Content Syndication im internationalen Vergleich
- Effiziente Content-Qualitätskontrolle und Wertschöpfung
- Kunden wirksam durch personalisierten Content binden
- Communities als Content-Quelle
- Content-Partnerschaften: Wie bezahlt machen sich global strategies?
- Lizenzrecht: Wem gehört der Content?
- Intelligente Vernetzung von Content
- Wissen als Wertsteigerung des Unternehmens
- Rentable Geschäftsmodelle durch Content Syndication
- Workflow-Optimierung durch klare Abbildung des Contentflusses

7 Glossar

Administrator
Person, die die Erstellung, Organisation und Verwaltung eines Webauftritts vornimmt. Er ist für die Betreuung eines Netzwerks zuständig und hat uneingeschränkte Zugriffsrechte.

API
Application Programming Interface; Programmierschnittstelle bei Computerprogrammen.

Applets
Kleine Programmiereinheiten/Softwarepakete auf der Betriebsplattform

ASP
Application Service Provider

Asset
Wert für eine verkaufbare Information

Assetmanagement
Zentrale Komponente jedes Web-Content-Management-Systems ist das Assetmanagement, welches für die Verwaltung aller digitalen Assets verantwortlich ist. Getrennt von der letztendlichen Darstellung auf der Website werden Texte, Bilder, Sounds, Videos uvm., idealerweise medienneutral, erfasst und gespeichert.

Attachment
Anhang an eine E-Mail oder einen Content; Dateien beliebigen Inhaltes in Text- oder Binärform (Dokumente, Grafiken, PDF oder Programme zum Transport).

Authoring
Erstellung von Inhalten, Autor ist der Urheber eines Dokuments

B2B
(Kurzform für »Business-to-Business«) Eine B2B-Lösung bezeichnet eine auf Geschäftskunden ausgerichtete E-Business-Strategie.

B2C
(Kurzform für »Business-to-Consumer«) Eine B2C-Lösung bezeichnet eine auf Privatkunden ausgerichtete E-Business-Strategie.

CI-
Siehe Corporate Identity

Collaboration
Zusammenarbeit in einer Gruppe, Team, Abteilung

CM
Abkürzung für Content Management

CMS
Abkürzung für Content-Management-System

Community
Interessensgemeinschaft. Siehe Virtuelle Gemeinschaft.

Content-Management-System
System zur Verwaltung von strukturierten Inhalten

Content Syndication
Content Syndication bezeichnet den Austausch und Handel von Inhalten. Ebenfalls auch als Infobroking bekannt.

Corporate Identity
CI – einheitliche Vorgaben für Präsentation und Dokumente für ein Unternehmen

CRM
Kurzform für Customer Relationship Management

CP
Abkürzung für Content Provider: Herausgeber oder Verleger von Inhalten

Data Mining
Interpretation von Nutzerprofilen zur Bestimmung von Marktsegmenten und Entwicklung von Werbestrategien.

DMS
Dokumentenmanagementsystem

E-Commerce
E-Commerce bedeutet, Waren und/oder Dienstleistungen elektronisch zu präsentieren, zu verkaufen sowie online die Transaktion und Zahlungen abzuwickeln, weiter gehende Informationen über das Internet auszutauschen und dem Kunden über das Internet einen umfassenden Nutzen und Service zu bieten.

E-Business
E-Business bedeutet für ein Unternehmen letztendlich alle Geschäftsprozesse über das Internet/Intranet abzuwickeln, damit sind auch alle Funktionsbereiche wie Marketing, Ver-

trieb/Service, Beschaffung, Produktion und Logistik etc. betroffen.

Editing
Erstellung und Ändern eines Dokumentes

Extranet
Als Extranet wird ein geschlossenes Computernetz auf der Basis der Internet-Technologie bezeichnet, in dem registrierte Benutzer nach dem Login spezifische Informationen abrufen können. Extranets sind im Gegensatz zu Intranets auch von außerhalb erreichbar, erlauben aber im Vergleich zum öffentlichen Internet nur registrierten Benutzern den Zugang. Damit sind geschlossene Informationsangebote auf einem öffentlichen Webserver eine häufig genutzte Form der Extranets. Dieses Konzept wird häufig in der B2B-Kommunikation eingesetzt. Siehe auch Intranet.

GPRS
Steht für General Packet Radio Service. Standard für mobile Anwendungen und Dienste. Es ist eine Erweiterung von GSM und wird Ende 2000 eingeführt. Es können theoretisch Geschwindigkeiten von 171 KBit/s erreich werden. Das Einwählen entfällt bei diesem Standard, man kann nonstop online bleiben, bezahlt aber nicht pro Zeiteinheit sondern gemäss der übertragenen Datenmenge.

Groupware
Software für Gruppen und Teamarbeit

GUI
Abkürzung für Grafic User Interface- Schnittstelle zum Endkunden ist die Präsentation auf dem Endgerät.

GSM
Abkürzung für Global System for Mobile Communications. Internationaler Standard für den digitalen Mobilfunk.

Hit
Anzahl der Zugriffe auf einen Webserver, die ein Seitenaufruf erzeugt. Jede Anforderung zum Laden einer Datei stellt einen Hit dar. Das bedeutet: Eine einzige Webpage kann viele Hits erzeugen, da jeder Button, jede Grafik und jedes eingelagerte Objekt einen Hit generiert. Enthält eine Webseite also mehrere Bilder und einen Text, erzeugt jedes dieser Elemente beim Aufruf der Seite einen Hit. Die Anzahl der Hits ist daher kein genauer Indikator für die Anzahl der Besucher einer Website und nicht als Erfolgskontrolle (zum Beispiel für ein Banner) geeignet.

HTML
(Kurzform für »Hypertext Markup Language«) Seitenbeschreibungssprache für Dokumente im World Wide Web, die von Browsern interpretiert wird. Die Besonderheit liegt in den Hyperlinks, die verschiedene Dokumente miteinander verbinden und die Navigation zwischen ihnen per Mausklick erlauben.

Inbound
Ein betrachteter Kommunikationspartner wird angesprochen. Er ist passiv.

Interaktivität
Das Schlüsselwort für Multimedia. Interaktiv nennt man Programme und Angebote in Offline- und Online-Medien, die in der Lage sind, mit dem Anwender zu kommunizieren. D. h., der Nutzer steuert sich mit Hilfe einer Benutzerführung durch ein Programm, das auf seine Eingabe mit weiterführenden Informationen reagiert.

Internet
Offenes Computernetz

Intranet
Als Intranet wird ein geschlossenes Computernetz auf der Basis der Internet-Technologie bezeichnet, das nur innerhalb eines Unternehmens für die Mitarbeiter verfügbar ist. Intranets sind im Gegensatz zu Extranets von außen nicht erreichbar und erlauben nur Mitgliedern der Organisation den Zugriff. Dieses Konzept wird in der Regel in der B2E-Kommunikation eingesetzt. Siehe auch Extranet.

IV
Informationsverarbeitung: Informatik

Java
Plattformunabhängige, objektorientierte Programmiersprache, die von Sun Microsystems 1995 eingeführt wurde und neue Formen der Interaktivität im Web ermöglicht. Sie eignet sich vor allem zur Programmierung kleiner Anwendungen (so genannten Applets), die auf Webseiten eingesetzt werden und die Funktionalität von Web-Angeboten erweitern. Die wichtigsten Browser enthalten eine Java Virtual Machine und können so in HTML-Dokumente eingebettete Applets ausführen.

LDAP
Lightweight Directory Access Protocol; Standardisiertes Protokoll für Verzeichnisdienste.

Link
Verknüfung einer Internetadresse mit einer Web-Seite

LIVE-Server
Als Live-Server wird die Software- oder Hardwarekomponente im technologischen Serverkonzept eines WCMS bezeichnet, auf der die freigegebenen Inhalte aus dem WCMS für die Öffentlichkeit oder die geschlossene Nutzergruppe bereitgestellt wird. Mittels dynamischen Web-Seiten mit Platzhaltern werden beim Abruf aktuelle Daten aus Datenbanken geholt und zu einer Web-Seite zusammengestellt.

KMS
Knowledge Management System = Wissensmanagement-System Verwaltungssystem zur Organisation und Systematisierung von Wissen.

Layout
Struktur einer Präsentation/Bildschirmgestaltung für den Endkunden

Mindmaps
Landkarten der Ideen und Gedanken – Strukturierte Darstellung der Ideen und ersten Überlegungen.

Modularisierung
Ein Dienst oder eine Anwendung wird in kleine Einheiten/Module zerlegt, damit das System besser kontrollierbar und wiederverwendbar wird.

Navigation
Struktur der Einflussnahme von Endkunden auf den Dienst. Auswahlverfahren in Hierarchieebene des Contents bzw des Dienstes.

Newsgroups
Sind Diskussionsrunden bzw. Diskussionsforen zu einem bestimmten Thema.

Nutzerprofil
Der Wunschtraum jedes Werbetreibenden ist die Verfügbarkeit eines umfangreichen Kunden- oder Nutzerprofils der Zielgruppenmitglieder. Im Internet ist das Sammeln von Nutzerdaten sehr einfach, indem identifizierende Maßnahmen wie der Einsatz von Cookies und geschlossenen Benutzergruppen (Login) mit der Analyse von Logfiles und Bestell-/Interaktionsdaten kombiniert werden. 1:1-Marketing zielt darauf ab, auf der Basis von Kundenprofilen, die durch den Einsatz von Data Mining-Methoden

gewonnen werden, zielgerichtete Informationen und individuelle Angebote und Marketingaktionen für einzelne Kunden oder kleine Kundensegmente bereitzustellen.

ODBC
Open Database Connectivity; Microsoft-Standard für den Universalzugriff auf Datenbanken.

Outbound
Ein betrachteter Kommunikationspartner ist aktiv und spricht den anderen Kommunikationspartner an.

PageImpression
Andere Bezeichnung für PageView.

PageView
Sichtkontakt mit einer Webseite. Hiermit wird angegeben, wie viele komplette Seitenaufrufe stattgefunden haben. Eine komplett geladene Webpage generiert also einen PageView, unabhängig von der Anzahl der enthaltenen Elemente beziehungsweise aufgerufenen Dateien.

PDF
Postscript Dokumenten Format – Austauschformat für Dokumente

Personalisierung
Mehrwertiges Kundenbindungsinstrument, bei dem in der Regel informationelle Vorteile durch individuelle Anpassung von Angeboten und Informationen auf der Basis eines persönlichen Nutzerprofils versprochen werden. Kann auch zur Aufwandsminimierung für den Kunden führen.

Portal
Gebündelter, oft personalisierter Eingang für Inhalte oder Dienste, dessen Darstellung z. B. dynamisch von einem CMS oder aus einer Datenbank generiert wird.

Procurement-Anwendungen
Procurement-Anwendungen sind Beschaffungs-Anwendungen, sie ermöglichen es den Mitarbeitern, über den Zugriff auf Lieferantenkataloge, benötigte Waren und Dienstleistungen zu bestellen

Provider
Ein Provider stellt den Internet-Zugang zur Verfügung. Es kann sich dann gegen eine Nutzungsgebühr über Modem oder ISDN

eingewählt werden. Fast alle Online-Dienste wie AOL oder T-Online fungieren als Internet-Provider.

Pull-Technologie
Prinzip des World Wide Web, bei dem der Nutzer selbst entscheidet, ob, wann und wie lange er eine Website besucht. Das Pull-Prinzip besagt, dass alle Aktionen im World Wide Web durch den Nutzer ausgelöst werden, der sich die gewünschten Informationen »heranzieht« (pull). Mit der Push-Technologie wird aus Marketingsicht ein anderes Prinzip bevorzugt, bei dem die Initiative vom werbetreibenden Unternehmen ausgeht. Dieses ist im World Wide Web jedoch nur sehr eingeschränkt umsetzbar.

Push-Technologie
Das Push-Konzept ist für viele Marketingkonzepte ausschlaggebend: Werbespots, Print-Anzeigen und Massenwerbesendungen beruhen darauf, dass der Impuls vom werbetreibenden Unternehmen ausgeht und zu einer Werbeberieselung für die Zielgruppe führt. Mit Hilfe der Push-Technologie ist es auch im Internet möglich, ausgewählte Informationen an »Abonnenten« zu senden. Bei der Push-Technik schickt ein Webserver die gewünschten Informationen scheinbar selbstständig an den Benutzer, anstatt darauf zu warten, dass dieser die Informationen aktiv abruft. Tatsächlich wird der Push jedoch durch den Benutzer veranlasst und stellt nichts anderes als die Reaktion auf eine (automatisierte) Anfrage des Benutzers dar. Damit ist die Push-Technologie im Internet nicht direkt mit traditionellen Werbeformen vergleichbar, da der Kontakt zwischen Abonnent und Unternehmen vom Abonnenten ausgehen muss.

Redaktionssystem
Arbeitsmittel einer Redaktion zur Koordinierung und Erstellung von Beiträgen.

Release
Neue Version einer Anwendnung oder eines Dienstes

Retrieval
Suche in einem Datenbestand/Datenbank/Archiv

Shops
Auf der Grundlage eines Online-Katalogs werden Waren und Dienstleistungen angeboten, bestellt, bezahlt und meist direkt an den Kunden geliefert. Die Produkte werden durch Grafiken gestützt beschrieben und mehrfach gehandelt.

Site
Bezeichnet die Gesamtheit aller Elemente und Funktionen, die über eine Webadresse erreicht werden können. Eine Site ist eine Domainadresse mit entsprechenden Inhalten.

Skalierbarkeit
Eine Anwendung oder ein Dienst ist für eine unterschiedliche Anzahl von Endkunden und Anforderungen gestaltbar ohne die innere Struktur zu verändern.

Staging-Server
Als Staging-Server wird die Software- oder Hardwarekomponente im technologischen Serverkonzept eines WCMS bezeichnet, auf der die freigegebenen Inhalte aus dem WCMS für die Öffentlichkeit oder die geschlossene Nutzergruppe bereitgestellt wird. Der Staging-Server kann meist mit dem Webserver gleichgesetzt werden.

Streaming
Übertragung von Multimedia-Inhalten von einem Server zum Client ohne Zwischenspeicherung. Die Anzeige eines per Streaming übertragenes Videos beginnt sofort, während ohne Streaming zunächst die gesamte Datei zum Client übertragen werden muss, bevor die Darstellung beginnen kann.

Style Sheet
Dokumentenvorlage

Style Guide
Formularrichtlinie

Syndication
(siehe Content Syndication)

Template
Vorlage, Schablone. Meist verwendet, um Struktur und Gestaltung einer HTML-Seite vom Inhalt zu trennen.

Topic
Topics dienen dazu, die Informationen des Webauftritts inhaltlich zu strukturieren.

Topic Folder
Topic Folder stellen die hierarchische Struktur eines Webauftrittes dar. Über die Topic Folder wird die Navigation durch die Webstruktur gesteuert.

UMTS
Universal Mobile Telecommunications System – Kommunikation,

Anwendungen und Dienste über mobile Technologien. UMTS soll das bestehende GSM-Netz ab spätestens 2002 ablösen. Es besteht aus zwei Kernkomponenten, dem Funknetz und dem Trägernetz. UMTS macht eine Datendurchsatzrate von 2 MBit/s möglich, also 30-mal schneller als ISDN.

Virtuelle Gemeinschaft
(Community) Eine virtuelle Gemeinschaft ist in vielerlei Hinsicht mit einer realen zu vergleichen: es nehmen reale Personen teil, die über ähnliche Interessen verfügen. Zur Kommunikation werden verschiedene Kanäle (E-Mail, Chat, Newsgroups etc.) eingesetzt. Ziel ist die Erzeugung einer Art Interessensgemeinschaft mit einem Zusammengehörigkeitsgefühl.

W3C
Das World Wide Web Consortium ist ein Zusammenschluss aus etwa 270 Organisationen aus der Industrie und wissenschaftlichen Instituten. Das W3C wurde 1994 gegründet und hat seinen Hauptsitz an der Massachusetts Institute of Technology (MIT) in Boston. Das Konsortium definiert internationale Standards und Spezifikationen für das Internet, und sorgt für die Weiterentwicklung des Webs.

WAP
WAP ist die Abkürzung für Wireless Application Protocol. Dieser technische Standard bildet die Schnittstelle zwischen Internet und Mobilfunk. Er ermöglicht das mobile Surfen per Handy im Internet. Hierzu benötigt der User spezielle, WAP-fähige Mobilfunkgeräte. Der derzeitige Stand ist WAP 1.1, im Herbst 2000 folgt mit WAP 1.2 der nächste WAP-Standard.

Workflow
Arbeitsablauf zwischen den Mitarbeitern im Unternehmen

Visualisierung
Darstellung, Präsentation auf einerm Endgerät

Workflowkomponente
Diese ermöglicht ein dezentrales Arbeiten mit den verwalteten Assets durch viele Mitarbeiter. Basierend auf definierten Zugriffsrechten schafft sie eine Arbeitsumgebung, die den redaktionellen Workflow auf der Website in einen rollenbezogenen Freigabezyklus umsetzt und den Zugriff mehrerer auf die Vielzahl von Dokumenten steuert.

Skalierung
Skalierung ist die Anpassung des Gesamtsystems an eine sich verändernde Systemauslastung.

User
Der User ist der Benutzer auf einem Netzrechner bzw. Mitglieder der Community. Interne Anwender können sich anmelden und Contents einstellen, lesen und bewerten; externe Anwender dagegen loggen sich mit einem Browser ein und haben nur eingeschränkte Berechtigung.

Web
Kurzform für WWW

Website
Online-Auftritt eines Internet-Anbieters im World Wide Web, der meist aus vielen einzelnen Webseiten besteht.

Windows Client
Auf Windows basierender Client mit zahlreichen Funktionen für professionelles Content Management.

WWW
World Wide Web: Weltumspannender Internet-Dienst, basierend auf HTTP.

WYSIWYG
"What You See Is What You Get" Bildschirmausgabe entspricht der Druckausgabe.

XML
Xtensible Markup Language. Nächste Generation von HTML-Erweiterungen.

Dokumentenverzeichnis

www.contentmanagement.de

www.babiel.com

www.nightzap.de

www.newmediasales.com

www.cmforum.de
www.coco.co.at

White Paper: Worldwide Web Content Management (WCM) DMet Entire contents © 2000 Gartner Group, Inc. January 2000.

Content-Management-Systeme, Fraunhofer Institut, Verlagsgruppe Handelsblatt, 2001

Forum zum Thema: Content Managment, Fraunhofer Institut 1/2001

Forrest Research, Marktstudie zu CMS, 3/2001

Business Knowledge Management; Bach, Vogler, Österle; Springer-Verlag,1999

Erfolgreiches Bildungscontrolling, Hummel,Sauer-Verlag, 1999

Schlagwortverzeichnis

G

H

I

K

L

M

Schutzrechte

Community Engine™ ist eingetragenes Warenzeichen der Webfair AG (www.webfair.com).

HTML, DHTML, XML und XHTML sind Warenzeichen oder eingetragene Warenzeichen von W3C®, World Wide Web Consortium, Laboratory for Computer Science NE43-358, Massachusetts Institute of Technology, 545 Technology Square, Cambridge, MA 02139.

Javascript® ist ein eingetragenes Warenzeichen der Sun Microsystems Inc., unter Lizenz verwendet für eingeführte und implementierte Technologien von Netscape.

JAVA® ist ein eingetragenes Warenzeichen von Sun Microsystems Inc., 901 San Antonio Road, Palo Alto, CA 94303 USA.

Lotus® und Lotus® Notes® sind eingetragene Warenzeichen der Lotus Development Corporation, 55 Cambridge Parkway, Cambridge, MA 02142.

Microsoft®, Exchange® und Outlook® sind eingetragene Warenzeichen der Microsoft Corporation, One Microsoft Way, Redmond, Washington 98052-6399.

Oracle® ist eingetragenes Warenzeichen der Oracle Corporation.

Pirobase® ist eingetragenes Warenzeichen der PiroNet AG (www.pironet-ndh.com).

SP® und mySAP.com™ sind eingetragene Warenzeichen der SAP AG in Deutschland und in verschiedenen weiteren Ländern der Welt.

ViaPUBLISH® und ViaCONTENT® sind eingetragene Warenzeichen der viaMEDICI AG (www.viamedici.com).

Alle anderen Produkte, Marken oder Unternehmen, die in diesem Buch erwähnt werden, sind Warenzeichen oder eingetragene Warenzeichen ihrer entsprechenden Unternehmen.

Die Wiedergabe von Warenbezeichnungen und Handelsnamen in diesem Buch berechtigt nicht zu der Annahme, dass solche Bezeichnungen im Sinne der Warenzeichengesetzgebung als frei zu betrachten wären und deshalb von jedermann benutzt werden dürften.

Weitere Titel aus dem Programm

Karsten Gareis, Werner B. Korte, Markus Deutsch

Die E-Commerce Studie

Richtungweisende Marktdaten, Praxiserfahrungen, Leitlinien für die strategische Umsetzung

2000. X, 242 S. mit 72 Abb. Geb. DM 198,00/€ 99,00

ISBN 3-528-05755-6

Entwicklung und Bedeutung des E-Commerce - Analyse von Angebot an und Nachfrage nach E-Commerce - Verbreitung, Marktpotential und Nutzung durch Betriebe und Bevölkerung im Ländervergleich D, FIN, F, GB, I, NL, USA u. v. m.

Christoph Ludewig, Dirk Buschmann, Nicolai Oliver Herbrand

Silicon Valley - Made in Germany

Was Sie von erfolgreichen Unternehmen der New Economy lernen können

2000. VIII, 291 S. mit 39 Abb. Br. DM 59,00/€ 29,50

ISBN 3-528-05747-5

„Das Buch Silicon Valley - Made in Germany *ist eine überaus erfrischende, informative und gleichzeitig unterhaltsame Lektüre aus der New Economy-Literatur. (...)"* Dr. Werner Müller, Bundesminister für Wirtschaft und Technologie/31.7.00

Christoph Ludewig

Existenzgründung im Internet

Auf- und Ausbau eines erfolgreichen Online Shops

2., verb. Aufl. 2000. X, 216 S. Br. DM 44,00/€ 22,00

ISBN 3-528-15712-7

Rechtsform - Business Plan - Organisation der Geschäftsprozesse - Beispiele - Marketing - Web-Auftritt

Abraham-Lincoln-Straße 46
65189 Wiesbaden
Fax 0611.7878-400
www.vieweg.de

Stand 1.7.2001. Änderungen vorbehalten.
Erhältlich im Buchhandel oder im Verlag.
Die genannten €-Preise sind gültig ab 1.1.2002.

Weitere Titel aus dem Programm

Oliver Lawrenz, Knut Hildebrand, Michael Nenninger
Supply Chain Management
Strategien, Konzepte und Erfahrungen auf dem Weg zu E-Business Networks
2000. XIV, 371 S. Geb. DM 98,00/€ 49,00 ISBN 3-528-05742-4
SCM Strategien - eBusiness Networks - Konzepte und Methoden des SCM - Potentiale und Grenzen des SCM - SCM für kleine und mittlere Unternehmen - Controlling in der Supply Chain - Lösungen und Produkte - SAP: mySAP.com und APO - SCM Praxisbeispiele und Projekte - Perspektiven und Trends - eProcurement Perspektiven - Vertikale Netze, Business Communities und virtuelle Marktplätze - Projektmanagement von SCM-Projekten - SCM in der Automobilindustrie

Hans Jochen Koop, K. Konrad Jäckel, Erhardt F. Heinold
Business E-volution
Das E-Business-Handbuch:
Organisation, Marketing, Finanzen, Projekt-Management
2000. XVIII, 281 S. Geb. DM 98,00/€ 49,00 ISBN 3-528-03167-0

Hajo Hippner, Ulrich Küsters, Matthias Meyer, Klaus Wilde (Hrsg.)
Handbuch Data Mining im Marketing
Knowledge Discovery in Marketing Databases
2001. 1074 S. mit 333 Abb. Geb. mit CD-ROM. DM 198,00/€ 99,00
ISBN 3-528-05713-0
Data Mining und Knowledge Discovery in Marketing Databases - Der KDD-Prozess - Methoden des Data Mining - Data Mining im Marketing - Ausblick: Von der Marktforschung zum Wissensmanagement im Marketing

Abraham-Lincoln-Straße 46
65189 Wiesbaden
Fax 0611.7878-400
www.vieweg.de

Stand 1.7.2001. Änderungen vorbehalten.
Erhältlich im Buchhandel oder im Verlag.
Die genannten €-Preise sind gültig ab 1.1.2002.

HOTT-Guides - Hands On HOT Topics

SCN Education B.V. (Ed.)
Customer Relationship Management
The Ultimate Guide to the Efficient Use of CRM
2001. 406 pp. with 121 figs. DM 98,00/€ 49,00 ISBN 3-528-05752-1
Introduction to CRM - How to integrate CRM in your business - CRM in practise - CRM in callcenters

SCN Education B.V. (Ed.)
Data Warehousing
The Ultimate Guide to Building Corporate Business Intelligence
2001. 336 pp. Softc. DM 98,00/€ 49,00 ISBN 3-528-05753-X
Introduction to Data Warehousing - How to integrate Data Warehousing in your business - Strategical considerations - Data-mining

SCN Education B.V. (Ed.)
Electronic Banking
The Ultimate Guide to Business and Technology of Online Banking
2001. 204 pp. with 48 figs. Hardc. DM 98,00/€ 49,00
ISBN 3-528-05754-8
Introduction to Electronic Banking - Electronic Banking in practice - Secure Banking - Internet Banking Products

Abraham-Lincoln-Straße 46
65189 Wiesbaden
Fax 0611.7878-400
www.vieweg.de

Stand 1.7.2001. Änderungen vorbehalten.
Erhältlich im Buchhandel oder im Verlag.
Die genannten €-Preise sind gültig ab 1.1.2002.

Zeitfracht Medien GmbH
Ferdinand-Jühlke-Straße 7
99095 Erfurt, Deutschland
produktsicherheit@kolibri360.de